KB125709

생명과 약의 연결고리

약으로 이해하는 인체의 원리와 바이오 시대

생명과 약의 연결고리

김성훈 지음

웅진 지식하우스

21세기를 사는 우리는 현재를 첨단 과학기술 시대로 정의하고 마치 과학이 모든 문제를 해결해줄 것이라고 기대한다. 실제로 전 세계 인구의 평균 수명은 비약적으로 증가했고 화성 이주와 우주 여행 상업화가 논의되고 있으며 인공지능 기술이 현실화되는 등 많은 과학기술적 난제들이 해결될 것 같아 보인다. 하지만 실상은 다르다. 과거 어느 시대보다 인류는 불확실성 속에서 불안을 안고 살아가고 있다.

2019년 12월 우리나라에서 1400킬로미터 떨어져 있는 중국 우한에서 원인불명 폐렴 환자가 속출하고 있다는 소식이 국제 뉴스를 통해 알려졌다. 처음에는 우리와 상관없는 다른 나라의 단신 정도였지만, 원인불명의 질병은 비행기를 타고 순식간에 전 세계로 빠르게 퍼져 나갔다.

인류가 처음 접한 새로운 코로나19 바이러스에 전 세계 6억 7426만 명이 감염되었고, 이 중 667만 명이 사망했다(2023년 3월 기준). 첨단 과학이 만들어낸 백신과 치료제가 나오기 전까지 전 인류는 죽음의 공포에 직면해야 했으며 정부가 제시한 사회적 거리두기 정책을 놓고 개인의 자유와 국가 존립이라는 첨예한 이념적 대립을 맞닥뜨려야 했다.

더 큰 문제는 환경오염과 도시화로 인한 생태계 파괴 등으로 야생동물과의 접촉이 증가될 거라는 사실이다. 코로나19와 같은 인수 공통 전염병은 앞으로도 예측 불가하게 발생해 인류를 위협할 수 있다.

코로나19로 야외 활동이 제한되면서 생각지 못했던 변화도 발생했다. 콘텐츠를 집에서 소비하는 사람들이 늘어남에 따라 시간과 장소에 구애받지 않고 각종 영상을 시청할 수 있는 OTT Over The Top 플랫폼이 빠르게 성장했다. 이러한 트렌드 속에서 우리나라의 길거리 놀이를 모티브로 한 〈오징어 게임〉이 넷플릭스 공개 17일 만에 유료 가입 가구 1억 1100만이 시청해 역대 가장 많은 시청 가구 수를 기록한 콘텐츠로 집계됐다. 여세를 몰아 제74회 에미상 시상식에서는 비영어권 최초로 남우주연상, 감독상 등 6개 부문을 석권했다. 코로나19 이전 누구도 예상하지 못했던 일이다.

질병과의 전쟁이 채 끝나기도 전에 지구 한편에서는 질병이 아닌 다른 원인의 사망자가 속출했다. 2022년 2월 러시아가 우크라이나 수도 키이우를 공습하면서 러시아-우크라이나 간 전쟁이 발발했다. 첨단 무기는 약 1년 동안 민간인을 포함해 수십만 명의 목숨을 앗아 갔다. 전쟁이 장기화되면서 글로벌 경제 위기 또한 촉발됐다. 우크라이나는 세계 4대 곡물 수출국이고 러시아는 유럽으로 가는 천연가스 대부분을 공급하고 있기 때문이다. 우리나라를 비롯해 전 세계가 곡물 등 원자재 가격 급등에 따른 고물가와 겨울철 에너지 수급을 걱정해야 하는 상황에 직면한 것이다.

이러한 일들은 우리 일상사와 밀접하게 관련되어 있다. 그럼에도 불구하고 우리가 그렇게 자랑하는 첨단 과학은 서로 밀접하게 얽혀 있는 세계 정세와 질병의 복잡한 문제들을 해결하는 데 크게 도움되는 것 같지 않다. 오히려 과학문명이 발전할수록 사회는 점점 불안 요소가 증가하고 있으며 우리는 한치 앞, 하루 앞을 예견하지 못한 채 그저 바쁜 삶에 내몰리고 있다. 도대체 왜 이런 상황에 직면하게 되었을까? 그리고 이 같은 일들은 이 책의 주요 주제인 '약'과 어떤 공통점이 있는 것일까?

본즈의 756호 홈런과 스테로이드

매년 약물과 관련된 사건 사고가 끊이지 않고 발생한다. 10대 청소년들의 마약 중독 사례가 급증하는 등 우리나라도 더 이상 마약 청정국이 아니라는 이야기까지 나오고 있다. 한편 올림픽을 비롯해 주요 스포츠 대회에서는 금지약물 복용에 따른 도핑 논란이 매번 제기되는 등 숭고한 스포츠 정신을 훼손하는 사례가 이어지고 있다. 사람들은 왜 약물에 빠지게 되며 도대체 무엇이 그들을 약물에서 벗어나지 못하게 하는 것일까?

해외에서는 스테로이드 복용과 관련된 스포츠 스타의 소식이 눈에 띈다. 2007년 8월 8일 저녁 샌프란시스코 AT&T 스타디움에서는 미국 프로야구 워싱턴 내셔널스와 샌프란시스코 자이언츠의 경기가 벌어지고 있었다. 두 팀이 4 대 4로 맞선 5회 말, 주자 없이 1아웃 상황에서 마흔세 살의 노장 타자 베리 본즈가 타석에 들어섰다. 5만 6000명의 관중이 입추의 여지도 없이 들어선 스타디움은 숨죽이며 역사의 순간을 기다리고 있었다. 내셔널스의 선발투수 마이크 백식은 2스트라이크 3볼 풀카운트까지 가며 신중한 승부를 펼쳤다. 그러나 제 7구째, 역사는 본즈의 손을 들어주었다. 그는 7구를 '본즈존'이라 불리는 자신이 가장 좋아하는 구장 우측 펜스로 넘기며 솔로 홈런을 기록했다.

그동안 깨지지 않던 행크 아론의 기록을 뛰어넘어

756호째 홈런을 친 베리 본즈는 행크 아론의 최다 홈런기록을 31년 만에 갈아치웠으나 금지약물 복용 논란에 휩싸여 명예의 전당 입성에 실패했다.

756호째 홈런을 기록하는 순간이었다. 이로써 본즈는 종전 최다 홈런 기록을 31년 만에 갈아치웠다. 역사의 순간을 목격한 관중의 기립 박수 속에 홈 플레이트를 밟은 본즈는 "내가 드디어 해냈다"라며 소감을 밝혔다. 베리 본즈의 기록은 데뷔 22년 만에 작성됐다. 한 해 평균 34개꼴로 홈런을 친 셈이다.

역대 통산 홈런 1위(762홈런), 최초이자 유일한 500-500 클럽 가입(홈런 500, 도루 500개 이상) 등 메이저리그MLB 역사상 최고의 선수로 알려져 있지만 본즈의 기록이 미국 야구계에서 진정 위대한 기록으로 인정받을 수 있는지는 미지수였다. 스테로이드를 비롯한 금지약물 파동이 지속적으로 그를 따라다녔기 때문이다. 그가 약물을 복용했다는 증언이 이어지면서 일부 팬들은 "본즈가 아론의 기록을 깨는 것을 인정하지 않겠다"라고 강하게 반발했다. 일부 미국 언론은 "본즈가 기록을 세운다면 명예의 전당에 (그가 약물을 맞는 데 사용한) 주사기를 전시하는 게 가장 현명한 방법"이라고 비꼬기도 했다. 결국 화려한 성적에도 불구하고 본즈의 메이저리그 명예의 전당 입성은 10번의 도전 끝에 2022년 끝내 좌절됐다.

금지약물 복용이 끔찍한 비극을 불러온 사건도 있었다. 2007년 6월 27일 미국 프로레슬링계의 슈퍼스타 크리스 벤와가 조지아주 애틀랜타 변두리에 있는 자신의 자택에서 아내와 아들을 살해한 후 목을 매달아 자살한 것이다. 경찰은 살해 현장에서 스테로이드를 발견했다. 여전히 범행 동기를 둘러싸고 여러 논란이 있지만 수사 당국은 스테로이드를 남용하는 경우 간혹 발생하는 분노, 소위 '로이드 레이지roid rage'를 사건의 원인 중 하나로 주목했다.

금지약물인 스테로이드는 근육 강화 및 순간적인 힘이 절실히 요구되는 운동선수에게는 너무나도 유혹적인 약물이다. 평생을 쌓아온 명성과 생명에 치명적인 위협이 될 수 있음에도 불구하고 약물의 유혹에서 벗어나지 못하는 선수들이 많다.

약물의 오남용, 그리고 중독의 문제는 특정 직업에만 한정된 문제는 아니다. 대중매체는 매일매일 우리를 유혹하는 수많은 약물의 정보를 쏟아낸다. 복용 몇 주 내에 체중을 얼마큼 줄여준다는 다이어트 관련 약물들이 수많은 여성과 비만으로 고민하는 사람을 유혹하고 있고, 집중력과 기억력을 증진시켜준다는 약물은 수험생을, 각종 피로회복제는 격무에 시달리는 직장인의 시선을 끌고 있으며, 여러 가지 달콤한 설명을 곁들인 꿈의 정력제들이 고개 숙인 남자들에게 막연한 희망을 주고 있다.

　우리 주위에는 위와 같이 과학적 근거가 불분명한 약물들을 맹목적으로 복용함으로써 벌어지는 수많은 약화薬禍 사건이 끊임없이 반복적으로 일어나고 있다. 이쯤이면 과학적으로 입증된 약을 주의하지 않고 복용하면 득보다 해가 더 많을 수 있다는 점을 굳이 약에 관한 전문가가 아니라도 충분히 인식할 수 있다. 하지만 아직도 많은 사람이 마치 자기에게는 아무런 문제가 벌어지지 않을 거라고 믿는 듯 행동하고 있다.

　특히 우리나라는 단순한 감기에도 마치 폐렴에 걸린 중환자처럼 항생제와 소화제, 기관지확장제, 신경안정제, 진해거담제, 해열제 등을 한꺼번에 처방받는 경우가 많다. 그 결과 우리나라의 항생제 내성률은 세계 최고 수치를 기록하고 있으며 이러한 상황이 개선되지 않는다면 면역력이 약한 노인이나 어린아이들은 가벼운 감염으로도 각종 약제에 대한 내성을 획득한 병원균으로 인해 치명적인 위험에 처하게 될 것이다.

과학적 근거에 의해 개발한 약을 정확하고 조심스럽게 사용한다면 질병을 극복해 인류의 건강과 생명을 지킬 수 있다. 하지만 잘못 사용하면 오히려 건강과 생명을 해치고 정신을 피폐하게 하는 독이 될 수도 있다. 이러한 이유로 약의 개발과 사용의 양상은 해당 사회의 과학과 문화의 수준을 반영하는 척도이기도 하다. 하지만 대부분 사람은 도대체 약이 어떻게 정의되고 있으며 어떻게 만들어지는지, 또 우리 몸속에서 어떤 작용을 하는지 잘 알지 못한다. 이러한 이유로 대중매체를 통해 유명인들이 어떤 약이나 기능성 식품이 몸에 좋다고 하면 당장 소동이 일어난다. 과연 그 약의 개발 과정이 얼마나 신뢰성이 있는지, 나에게도 효과가 있는지, 부작용은 없는지 등의 문제는 뒷전이다.

인간의 생로병사 문제는 수많은 과학자가 노력해왔지만 아직까지 풀리지 않고 있는 과학의 난제이다. 그만큼 인체를 구성하는 성분들과 생리 조절 시스템은 복잡하게 작동하고 있다. 따라서 우리 몸속에서 질병을 치료하고자 작동하는 약에 대한 반응도 예측하기 어렵다.

이 책은 약과 관련된 일반적 상식을 인체를 구성하는 생리학적 특성의 관점에서 설명하고 이를 통해 일반인도 약의 구성, 개발, 적용, 부작용 및 중독 등에 대한 이해를 얻음으로써 약으로 빚어지는 문제를 조금이나마 개선할 수 있기를 바라는 마음에서 쓰였다. 이 책을 통해 약의 개발과 사용상에 발생하는 각종 현상들이 우리가 살고 있는 사회에서 벌어지는 각종 사건 사고들과 그 원리에 있어서 많은 공통점을 가지고 있음을 알고 더 나아가 자신의 건강을 유지하고 세상을 슬기롭게 살아가는 지혜를 얻을 수 있기를 바란다.

차례

1장

복잡계와 네트워크의 과학

우리 주변의 복잡계 현상

2004년 12월 26일 인도네시아 수마트라섬 해변. 아름드리 야자수와 하얀 모래사장, 비췻빛 바닷물을 즐기던 휴양객들은 잠시 후 그들에게 닥칠 운명을 전혀 예상하지 못한 채 편안히 일광욕을 즐기고 있었다. 그들 앞에는 사상 최대의 재난이 버티고 서 있었다. 수분 후 일어난 해상 지진은 거대한 쓰나미를 수반했고 이 끔찍한 재난은 무려 23만 명의 희생자를 냈으며 인도네시아 연안의

2004년 12월 26일 인도네시아 수마트라섬 북부에서 일어난 지진으로 최대 높이 30 미터에 달하는 쓰나미가 일어났다. 23만여 명이 사망한 이 쓰나미는 역사상 가장 많은 희생자를 낸 자연재해로 기록되고 있다.

지도마저 바꿔버렸다.

2005년 여름 미국 남부를 덮친 허리케인 카트리나 는 중앙 바하마에서 시작된 열대성 저기압으로, 플로리 다 남동부 연안에 상륙할 무렵에는 1등급의 약한 허리케 인으로 성장했다. 그러나 멕시코만을 빠져나가면서 5등 급으로 발전한 허리케인은 미국 남부 루이지애나주를 강타하고 미국 동부지역을 따라 진행하다 캐나다 국경 부근에서 소멸했다.

카트리나로 가장 큰 피해를 입은 지역은 뉴올리언

스였다. 허리케인으로 인해 폰차트레인 호수의 제방이 붕괴되면서 이 도시의 대부분 지역에서 홍수 피해가 일어났다. 뉴올리언스는 면적의 80퍼센트 이상이 해수면보다 낮았던 탓에 밀려들어온 물이 한 달 이상 빠지지 못하고 그대로 고여 있었다. 사망자만 1306명, 실종자는 6644명으로 집계되었으며 구조된 사람들은 인근 슈퍼돔에 6만 명, 뉴올리언스 컨벤션 센터에 2만 명 이상이 수용되었다.

설상가상으로 두 수용시설에서는 전기가 끊기고, 물 공급과 환기마저 제대로 되지 않아 이재민들의 불만을 더욱 키웠다. 또한 수용시설과 폐허가 된 시가지에서 약탈, 총격전, 방화, 강간 등 각종 범죄가 계속 일어났으며, 이재민의 대부분을 차지하는 흑인의 인종갈등으로까지 번졌다. 허리케인과 인종갈등, 현상적으로는 전혀 관계 없는 사건들의 배경을 따라가 보면 이렇게 연결되어 있는 것이다.

21세기 첨단 과학문명의 시대를 사는 세상에 어떻게 이런 일들이 끊임없이 일어날까? 이런 일들을 미리 예측하고 예방할 수는 없는 것일까? 만약 불가능하다면 그 이유는 무엇일까? 첨단 과학은 인간이 원하는 모든 것을 과학으로 설명할 수 있고, 얻을 수 있다는 자신감을 가지게 했다. 그러나 우리가 당면하고 있는 크고 중요한 문제들 중 많은 것이 아직도 현대의 첨단 과학기술로 해결하지 못하고 있다.

그런데 태풍이나 지진과 같은 천재지변과 이 책의 주제인 '약' 사이에는 도대체 어떤 연관성이 있을까? 그것은 지진이나 태풍처럼 약의 적용 대상인 인체도 현대 과학으로는 그 현상을 제대로 해석할 수 없는 복잡성을 내재하고 있기 때문이다. 이렇게 다양한 원인 인자들이 상호 역동적이고 복잡하게 연결되어 현상으로 나타나는 사례들을 우린 '복잡계complex system'라고 부른다.

예일대학교 심리학과 교수 제로미 싱어의 말을 빌리자면 복잡계란 상호작용하는 수많은 행위자가 있어 그들의 행동을 종합적으로 이해해야만 하는 시스템이며, 이러한 시스템의 행동은 비선형적이어서 개별 요소들의 행동을 단순히 합하는 것으로는 예측할 수 없다고 한다. 다시 말해 복잡계란 수많은 구성 요소의 상호작용을 통해 구성 요소 하나하나의 특성과는 사뭇 다른 새로운 현상과 질서가 나타나는 시스템을 의미한다.

그러나 겉으로 복잡하게 보이는 시스템들도 자세히 보면 여러 가지 수준이 있다. 시계와 비행기 같은 기계적 산물들도 내부 구조를 들여다보면 매우 복잡하다. 인간들이 어찌 이렇게 복잡하고 정밀한 것들을 만들어낼 수 있을까 하는 경이로운 마음이 들기도 한다. 그러나 아무리 복잡한 기계라도 결국에는 인간의 지식과 기술로 창조한 것들이고, 그렇게 창조된 기계들은 우리 예측대로 작동하고 있다. 설사 고장 난다고 하더라도 대부분 수리하면 다시 정상적으로 움직이게 할 수 있다.

따라서 어떤 장치나 현상을 이루고 있는 구성 요소가 많은 것만으로는 복잡계 현상을 정의하기에 충분치 않다. 앞서 말한 예들과 같이 늘 우리 주변에 존재하며 발생하고 있지만 아직도 그 결과를 예측할 수 없고 또한 마음대로 조정할 수 없는 현상은 수없이 많다. 이들 현상의 일반적 특성은 구성 성분이 많다는 것과 상호 연관 관계가 매우 가변적이고 역동적이어서 그 성분들이 합쳐질 때 어떤 상황이 일어날지 예측하기가 어렵다는 것이다. 인체의 생로병사를 관장하는 생명 시스템이 대표적으로 이러한 복잡계에 해당한다.

　그렇다면 우리는 어떤 경우에 시스템이 복잡하다고 느낄까? 사람마다 복잡성을 느끼는 기준은 매우 다르므로 한마디로 정의하기는 어렵다. 대체로는 내용물이 서로 겹쳐 있고 섞여 있는 대상을 가리켜 '복잡'하다고 말한다.

　예를 들어 비행기나 자동차의 내부를 들여다보면 여러 장치들이 사방으로 연결되어 있어 매우 복잡해 보인다. 그러나 이러한 발명품들은 본래 그 발명자의 계획과 설계에 따라 만들어진 것이다. 각각의 부속들이 연결되어 어떻게 작동할지, 또 그런 작동이 어떤 결과를 산출할지 예측이 가능하다. 또한 언제든지 설계도를 따라 해체하고 조립할 수 있으며, 고장이 나면 수리할 수 있다. 따라서 이런 장치들은 복잡해 보일 뿐 실제로는 복잡하지 않은 셈이다.

　우리 인체 역시 해부학적으로 들여다보면 각종 조직과 장기들이 체계적으로 연결되어 있어 고도로 복잡한 자동차나 비행기의 구조와 별반 다른 것이 없어 보인다. 하지만 한날한시 같은 병원에서 태어난 아기들이라 할지라도 우리가 자동차에 대해 뭔가를 설명하고 예측하듯 그들의 삶과 미래를 설명하거나 예측할 수는 없다. 어떤 생로병사의 과정을 걸어가게 될지 알 수 없는 것이다.

이러한 사정은 우리가 설령 인체의 각 부분 부분에 대해 비교적 정확한 지식을 갖고 있다 하더라도 달라지지 않는다. 이렇게 그 시스템의 내용을 들여다보고 부분적으로 이해를 한다 해도 그것들이 연결되어 수행할 일들을 완전하게 예측하지 못하는 경우를 우리는 복잡하다고 말하며 이러한 특성을 가지는 시스템을 복잡계라고 부르는 것이다.

복잡계는 여러 가지로 분류될 수 있다. 특히 생명체와 같이 여러 구성 요소들이 다이나믹하게 연결되어 외부 자극에 다양하게 적응할 수 있는 시스템이야말로 전형적인 복잡계에 해당하는 사례이며 대표적 연구 대상이다.

복잡계의 특성들

복잡계에는 어떤 특성이 있을까? 우선 여러 요소들이 시스템 안에서 병렬적으로 연결되어 있다. 예컨대 인터넷을 통한 커뮤니케이션은 상호 연결되어 있는 수많은 통신망을 통해 이루어진다. 이러한 연결의 구조적 특성이 바로 병렬연결이다. 가령 통신 과정 중에 하나의 경로가 막히면 다른 라우터router*를 사용하여 다시 연결할 수 있다. 인체 내의 각종 생리 대사도 이와 같은 병렬적 구조를 가진다.

병렬적 연결 구조의 장점은 첫째, 체계의 안정성을 높여준다는 데 있다. 극장을 생각해보자. 갑자기 일어난 정전에 어떤 영화관은 영화 상영이 중단되는 데 반해 어떤 영화관은 계속 영화를 상영할 수 있다. 두 영화관 사이의 차이는 무엇일까? 정전 사태에도 불구하고 계속 영화를 상영할 수 있는 이유는 자체 발전 시스템을 작동시켰기 때문이다. 외부의 전류 공급이 차단되더라도 영사기를 작동할 수 있는 동력원을 보유하고 있어 만일의 사태에 대비할 수 있었던 것이다.

* 랜(LAN, 근거리통신망)을 연결해주는 장치로써 송신정보에서 수신처 주소를 읽고 가장 적절한 통신 통로를 지정, 다른 통신망으로 전송하는 장치를 말한다.

인체에서 같은 예를 찾는 일은 어렵지 않다. 동맥 내에 노폐물이 쌓여 혈류가 원활하지 않으면, 주변의 작은 혈관들이 성능이 떨어진 동맥을 대신한다. 물론 그런 대체 작업이 원래의 상태처럼 완벽할 수는 없지만, 시스템 전체가 갑작스럽게 작동을 멈추는 위험도를 낮추는 것은 분명하다.

둘째, 복잡계 시스템은 수많은 계층 구조를 갖지만 그 위상은 반복적이다. 이른바 프랙털fractal* 적 구조를 갖는 셈이다. 인체의 혈관 구조는 대동맥과 대정맥, 작게는 모세혈관을 포함해 계층적으로 되어 있다. 하지만 신체의 어느 부위를 잘라서 보아도 단지 크기만 다를 뿐 혈관이 분포하는 모습은 유사하다.

셋째, 에너지의 관점에서 복잡계를 보면 개방 시스템이며 비평형 상태다. 예컨대 비커에 담긴 물을 생각해 보자. 아래위의 온도 차이가 없는 물은 정지 상태를 유

---

* 전체를 구성하는 부분의 구조가 전체 구조의 형태를 닮는 자기 유사성과, 소수(小數)차원을 특징으로 갖는 형상을 일컫는 말로 1975년 만델브로트에 의해 제안되었다. 칸토르 집합, 코흐 눈송이, 시어핀스키 삼각형 등이 잘 알려진 예이다. 인체에서는 혈관 구조를 형성하는 혈관망이나 각종 대사, 유전자, 단백질의 연결망 등을 상상해볼 수 있겠다.

지한다. 열역학적으로는 일종의 평형 상태이다. 그런 비커 아랫부분에 열을 가하면 상대적으로 차가운 비커 윗부분의 물과 열을 받은 아랫부분 물 사이에 온도 차이가 생겨 비평형 상태가 되고 그로 말미암아 대류의 움직임이 시작된다.

인체라는 시스템도 마찬가지다. 우리는 우리 몸의 시스템을 작동하고 유지하기 위해 살아 있는 동안 지속적으로 에너지를 외부로부터 받아들이고 소모한다. 우리가 음식을 먹는 이유는 바로 그 때문이다.

넷째, 자기조직화와 창발성이라는 특성을 가진다. 인간은 수정란으로부터 시작해 자기 내부의 정보로 스스로를 조직화해 성인의 모습으로 성장한다. 누가 외부에서 조립하는 것이 아니다. 그리고 성인이 된 후에는 수정란의 특성을 모두 잃고 완전히 새로운 특성을 지닌 개체가 된다. 그리고 피드백_{되먹임}*의 특성이 있어 어떠한 변화가 일어나기 위해서는 특정 임계치 이상의 자극이

---

* 생명체는 생리 대사의 항상성을 유지하기 위해 대사 과정이 너무 과도하게 진행되면 음(마이너스)의 되먹임으로 그 대사를 억제하고 반대인 경우에는 양(플러스)의 되먹임으로 대사를 점차 증폭시킨다. 이러한 대사의 되먹임을 피드백이라 한다.

지속되어야 한다. 또 그 반대로 아주 작은 자극이 시스템 전체로 확장되기도 한다.

복잡계를 이해하기 어려운 까닭은 시스템 내부의 작은 변화가 무시할 수 없는 결과를 낳기도 하고, 시스템을 이루는 각 하위 구조들에서는 나타나지 않는 특성이 시스템 전체에서 새롭게 나타나기도 하기 때문이다. 인체의 생로병사는 명백히 복잡계의 특성을 보인다. 이 때문에 수많은 과학자가 수백 년을 연구하고도 아직까지 이 문제를 명쾌하게 풀지 못하는 것이다.

어느 누구도 죽음을 피할 수 없다. 또한 그 어느 누구도 자신이 죽을 날짜가 언제인지 알지 못하며, 언제 어떻게 어떤 질병에 걸릴지 예측하지 못한다. 그리고 그런 질병을 치료하기 위해 온갖 과학적 논리와 첨단 기법을 활용해 약물을 개발하지만, 그 약물이 예측하지 못했던 부작용을 일으켜 그동안의 노력을 한순간에 물거품으로 만들어버리기도 한다.

오늘날 우리는 생명의 근원이 되는 유전자 지도를 갖게 되었지만, 사실 생명 현상의 문제에 대해 아직까지 제대로 이해하지 못한 부분이 너무나 많다는 것을 고백하지 않을 수 없다. 이런 한계는 결코 사소한 문제가 아니다. 획기적인 치료제라고 개발된 약품이 경우에 따라서는 결코 돌이킬 수 없는 상황으로 우리를 내몰 수도 있기 때문이다. 우리 생명과 직결된 문제라면 '돌이킬 수 없는'이라는 표현이 얼마나 심각한 상황을 의미하는지는 깊게 생각해볼 필요도 없다. 따라서 모두가 그런 한계를 잘 알고 있어야 생명 공학 및 약물을 개발하고 사용하는 데에 따르는 오류와 피해를 최소화할 수 있다. 이제 이러한 복잡계의 특성에 대한 기본적인 개념을 바탕으로 생명 현상과 관련한 '약'의 제반 현상들에 대해 살펴보자.

2장

인체 네트워크와 신약 개발

신약 개발의 어려움

세상에는 수많은 산업 기술 개발품이 있지만 그중에서
도 독창적인 신약 개발은 대부분 미국을 포함하는 극소
수의 선진국에서만 독점적으로 이루어지고 있는 특수
산업이다. 이는 신약 개발이 기술적으로 매우 어려울 뿐
더러 많은 비용이 필요하다는 것을 단적으로 보여준다.
이러한 어려움 때문에 다른 과학기술 분야에 비해서 신
약 개발의 실패 확률은 매우 높은 편이다. 하지만 그 반

대로 일단 개발에 성공하기만 하면 장기간 독점적 지위와 높은 이익이 보장되므로 신약 개발을 대표적인 '고위험, 고수익high risk, high return' 산업이라고 부른다.

우리나라는 선진국에서 제조하는 대부분 상품을 자체 생산할 수 있는 기술력과 세계 10위의 경제력을 자랑하고 있지만, 유독 신약 개발 분야에서만은 국제 경쟁력이 그다지 높지 않다. 즉 우리 기술로 세계 시장을 점령한 독창적 신약을 아직까지 개발해본 경험이 없다. 도대체 신약 개발은 왜 그리 어려운 걸까? 혹 무슨 특별한 비밀이라도 있는 것일까?

생명 현상은 복잡계의 특성을 보이는 대표적 시스템이다. 예컨대 인체의 질병을 다루는 의사가 실제로 환자를 치료할 수 있기까지는 오랜 기간의 학습과 강도 높은 전문적 훈련이 필요하다. 그런 탓인지 일반인이 보기에 생명 현상을 연구하는 과학자들의 발견은 유독 이해하기 어렵고 복잡해 보인다. 이는 생명 현상을 연구하는 사람들이 자신의 현학을 자랑하기 위해서 일부러 그러는 것이 아니다. 생명체라는 시스템 자체가 복잡하기 때문에 어쩔 수 없는 것이다. 그렇다면 생명체는 왜 그렇게 복잡해야 하며, 그 복잡성의 근원은 무엇일까?

생명체의 항상성과 유연성

생명체가 자신의 삶을 영위하는 기본적 목적 가운데 하나는 후손을 통해 생명을 이어가고 번성하는 것이다. 이를 위해 생명체는 지속적으로 변화해야 하며 생명을 위협하는 환경에 대응할 수 있어야 한다. 이러한 생존과 번성의 능력을 확보하기 위해서는 몇 가지 상호 배타적인 특성을 동시에 가져야 한다. 시스템의 안정성과 유연성이 바로 그것이다.

생명체는 자신의 모든 유전자 정보를 담고 있는 DNA를 세포핵 속에 꼭꼭 잠가두어 안전하게 보관하고 있다. 또한 불가피하게 손상된 DNA는 각종 장치를 통해 수리하거나 아니면 발생한 피해를 보상할 수 있는 대안적 방법도 갖추고 있다. 생명체는 기본적으로 변화를 싫어하며, 외부 자극에 대하여 항상성을 유지할 수 있는 여러 가지 장치를 가지고 있다. 예컨대 인체는 외부로부터 침입하는 각종 병원성 박테리아와 바이러스를 물리치기 위해 여러 면역체계를 구비하고 있다. 이것이 바로 시스템의 안정성이다.

그러나 외부의 도전이 지속적이거나 보호 장치의 한계를 넘어서는 경우 새로운 환경에 적응할 수 있는 유연성 또한 가지고 있어야 한다. 환경에 대응하지 못하면 멸종의 길을 걸어갈 수밖에 없다. 따라서 생명 시스템은 안정성을 유지하는 한편 환경의 변화에 유연하고 적극적으로 대처할 수 있어야 한다.

사실 안정성과 유연성은 서로 상반된 개념이다. 그래서 시스템의 안정성을 너무 강조하다 보면 외부 환경의 변화에 신속히 대처하지 못하고, 반대로 너무 유연한 시스템은 안정성을 유지하지 못해 위험에 빠질 수 있다. 따라서 생명체는 가장 적당한 수준에서 안정성과 유연성을 동시에 유지해야 한다. 과연 어떻게 해야 이율배반적인 두 속성을 동시에 보유할 수 있을까? 바로 여기에 생명체가 복잡계를 선택해야 하는 이유가 있다.

우선 시스템의 안정성을 위해 생명체가 취한 방법 가운데 하나가 구성 인자의 병렬적 배치를 통한 '중복'

이다(그림 1-1). 인체의 중요한 물질대사는 대부분 여러 경로를 통해 같은 목적을 이룰 수 있도록 병렬적으로 중첩되어 있다. 예를 들어 몸에서 DNA의 원료인 핵산*을 만들어내는 생합성 과정은 정상적인 경우 작동하는 경로와 그 경로가 작동하지 않을 때 활성화되는 또 다른 경로가 있어, DNA가 안정적으로 합성화될 수 있도록 한다. 이는 마치 서울과 부산 사이에 경부고속도로라는 주요 고속도로 외에도 다른 고속도로와 국도 등이 중복적으로 존재함으로써 경부고속도로에서 사고가 발생하더라도 다른 길을 통해 교통의 흐름을 유지하는 것과 같다.

안정성을 유지하기 위한 또 다른 방법은 대사 회로 간의 '교차'이다(그림 1-2). 즉 대사 간에 상호 소통할 수 있는 길들을 내어 서로의 상태를 점검해 균형을 유지할 수 있게 하는 것이다. 명절 귀경길에 한쪽 도로로 차량이 너무 많이 모이면 안내 방송을 통해 다른 길의 상황

---

* 염기, 당, 인산으로 이루어진 뉴클레오티드가 긴 사슬 모양으로 중합된 고분자 물질. 유전이나 단백질 합성을 지배하는 중요한 물질로 생물의 증식을 비롯한 생명 활동 유지에 중요한 작용을 한다.

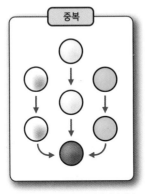

중복

1-1 한 가지 결과를 만들기 위해 여러 대사 경로가 병렬적으로 존재한다.

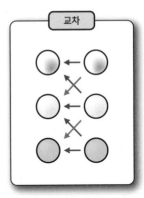

교차

1-2 병렬적으로 존재하는 생리 조절 과정들이 상호 교차적으로 신호를 주고받으며 협조와 견제를 이룸으로써 전체적인 균형을 이룬다.

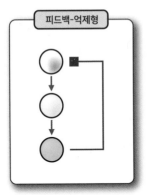

피드백-억제형

1-3 억제형: 어떤 대사의 산물이 과잉으로 생산되는 경우 그 자체가 대사를 억제해 불필요하게 과잉 생산되는 것을 방지한다.

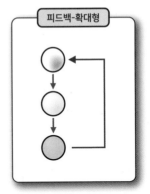

피드백-확대형

1-3 확대형: 대사의 산물이 대사를 다시 활성화해 대사가 전체적으로 증폭된다.

[그림 1] 생명체를 구성하는 각종 네트워크의 형태

을 알려주고 차량이 여러 도로를 통해 골고루 분사되도록 유도하는 것과 유사하다.

또 다른 방법은 '피드백'이다. 만약 경부고속도로로 유입되는 차가 너무 많아지면 고속도로로 들어오는 입구 중 여러 곳을 차단해 유입되는 차량을 억제해 도로가 막히지 않도록 하는 것이다. 이와 유사하게 체내에 특정 아미노산이 너무 많이 생성되거나 이를 과량으로 섭취하면 이를 생성하는 대사의 활동을 줄이거나 잠시 중지함으로써 과잉 생성되지 않도록 해준다(그림 1-3, 억제형). 이와 반대로 작은 자극이 지속적인 주기로 돌면서 증폭되는 관계로 연결되는 피드백 과정도 있다(그림 1-3, 확대형).

이같이 우리 몸의 신진대사는 중복과 교차, 피드백 외에도 다양한 구조와 상관관계를 통해 '항상성'을 유지하고 있다. 항상성은 생명체의 고유한 특성으로 이를 통해 일정한 수준의 외부 자극이나 공격에도 신체가 크게 동요하지 않고 잘 견딜 수 있는 것이다. 그러나 외부 자극이 견딜 수 없이 강해지거나 오랜 기간 지속되면, 생명체가 항상성을 포기해야만 새로운 환경이나 자극에 적응해 멸종되지 않고 살아남을 것이다. 또한 외부로부터의 스트레스가 없더라도 스스로 적극적으로 변화해야 하는 경우도 있다. 때문에 신진 대사의 안정성을 유지하면서도, 동시에 필요할 때는 아주 작은 자극만으로도 신속하게 그 상태를 변화시킬 수 있는 장치 또한 있어야 하는 것이다.

시스템의 복잡성은 시스템을 구성하는 요소들의 수와 이들을 연결하고 움직이게 하는 연결고리로 결정된다. 예를 들어 비행기는 100만여 개의 부속으로 구성되어 있으나 우리는 얼마든지 비행기를 분해하고 조립할 수 있으며, 그 작동을 예측해서 조정할 능력을 가지고 있다. 따라서 비행기는 첨단 과학기술의 총화라고 부를 만큼 복잡하기는 하지만 우리가 충분히 이해하고 조작할 수 있는 시스템인 것이다.

인체를 생각해보자. 인체를 구성하는 기본 설계도는 유전자에 있다. 그리고 유전자가 발현하는 단백질의 활동에 따라 우리 몸은 형성된다. 인체 유전자의 숫자로만 보면 인간의 신체는 비행기에 비해 턱없이 부족한 2만여 개의 부속으로 이루어져 있다. 그리고 인간 유전자 지도가 완성된 지금 우리는 마치 비행기의 설계도면을 가지고 있듯이 인체를 구성하는 설계도면을 손에 쥐고 있다.

그러나 우린 아직 인체가 어떻게 생로병사의 길을 가는지, 또 어떻게 그렇게 다양한 모습의 개인차가 있는지 알지 못한다. 쉽게 이야기하면 인간에 비해 부속의 수가 훨씬 많은 비행기는 현대의 과학기술로 충분히 새로 디자인하고 또 분해·조립해 다시 조종할 수 있지만, 생명체는 유전자 지도를 바탕으로 새로 합성하거나 부속을 분해한 후 다시 조립할 수 없다. 따라서 생명체에는 그 구성 성분의 종류와 개수만으로는 설명할 수 없는 그 이상의 무언가가 있다고 받아들일 수밖에 없다. 문제는 우리가 아직 그것을 제대로 이해하지 못하고 있다는 사실이다.

그렇다면 과연 생명체의 본질적 특성은 어디에 있는 것일까? 생명체의 진정한 특성은 바로 구성 성분 간의 연결고리에서 찾을 수 있다. 비행기의 부속들은 일정한 위치에서 상호 연결되어 있으며, 각 부속들의 기능은 정확히 규정되어 있고 제한적이다. 이에 반해 생명체의 구성 성분들은 역동적으로 서로 뭉치고 흩어져 다양한 기능을 수행하고 있다. 따라서 이들을 묶어주는 연결고리는 생리적 조건이나 외부 자극에 따라 매우 유연하게 대응한다.

명절 귀경길 막히는 도로를 해결하기 위한 최선의 방법은 기존에 있는 길들을 최대한 능률적으로 활용하는 것뿐이다. 하지만 생명체의 경우에는 필요하면 없던 길도 만들어 소통을 원활하게 할 만큼 그 변화의 폭이 크다. 따라서 생명 시스템을 진정한 의미에서 이해하려면 생명체를 구성하는 하드웨어와 이들을 연결하는 소프트웨어를 총체적으로 파악할 수 있어야 한다.

하드웨어 연구 시대에서
소프트웨어 연구 시대로

지난 50년 동안 혁명적으로 발전한 생명과학은 생명체를 구성하는 단백질, 핵산 등의 하드웨어를 발견하고 그들의 기능을 이해하는 데 집중되었으며 그 결과 생명체

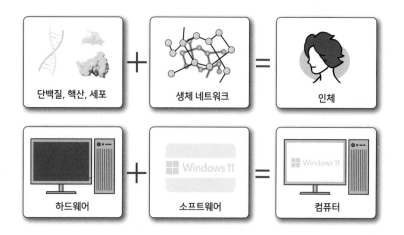

[그림 2] 컴퓨터와 인체의 비교

생명체는 단백질, 핵산, 탄수화물 등의 구성 성분과 이들을 잘 구성해 조화로운 상태로
유지하는 네트워크로 구성된다. 이는 컴퓨터가 각종 부속으로 구성된 하드웨어와 이들
에게 적절한 기능을 부여하고 운영하는 소프트웨어로 구성된 것과 비교할 수 있다.

를 구성하는 수많은 요소에 대한 구체적이고 방대한 정
보를 축적했다. 그러나 현재의 생명과학은 이렇게 발견
된 구성 성분들 사이의 연결고리를 이해하는 것에 집중
하고 있다. 즉 생명 현상의 하드웨어 연구 시대가 가고
소프트웨어 연구 시대가 도래한 것이다.

마치 내 컴퓨터가 작동하는 원리를 이해하려면 마
이크로소프트사에서 만든 윈도우 시스템을 이해해야 하

듯이 생명 현상을 알기 위해서는 생명 시스템을 운용하는 소프트웨어를 이해해야 하는 것이다(그림 2).

흔히 만능세포라고 불리는 배아줄기세포를 생각해보자. 배아줄기세포는 아직 특정 세포로 분화되기 전의 세포로서 외부 자극에 따라 다양한 기능의 세포로 분화될 수 있는 가능성을 가지고 있다. 이러한 특성으로 줄기세포를 이용하면 우리 몸의 손상된 부위를 수리할 수 있다. 즉 생체 시스템의 하드웨어 중 일부가 심각한 손상을 입었다 하더라도, 줄기세포를 통해 수리 혹은 복원이 가능해졌다는 뜻이다.

예컨대 줄기세포는 손상 입은 피부를 재생시킬 수 있고, 척추신경이나 장기에 손상이 생겼을 때 그 부위를 재생시켜줄 수도 있다. 이런 재생의학에 관한 지식이 질병 치료에 있어서 얼마나 중요한지는 새삼 강조할 필요가 없다. 그 때문에 '배아'와 관련된 윤리적 논란에도 불구하고 줄기세포를 의학적으로 이용하기 위해 세계 각국이 연구에 뛰어들고 있는 것이다.

그러나 줄기세포라는 하드웨어를 의학적으로 활용하는 데 있어 결정적인 어려움은 줄기세포가 어떤 과정을 통해 다양한 세포로 분화하는지 그 소프트웨어를 제대로 이해하지 못하는 데 있다. 배아줄기세포가 온갖 세포로 분화 가능하다고는 하지만 정작 필요한 세포로 분화시킬 수 없다면 그 유용성은 우연에 의지해야 한다. 가령 신경세포로 분화해야 하는데 엉뚱하게 간세포로 분화할 수도 있기 때문이다. 따라서 핵심은 줄기세포를 얻어내고 배양하는 지식만이 아니라 줄기세포가 분화하는 과정, 즉 소프트웨어를 이해하고 통제할 수 있는 지식에 있다.

간단히 말해 생체 시스템의 소프트웨어에 대한 이해가 충분하지 못하면, 질병을 제대로 진단하고 그 정확한 원인을 알아낼 수 없다. 또 어떻게 해야 새로운 문제를 일으키지 않고 안전하게 치료할 수 있는지에 대해서도 알 도리가 없다.

물론 이렇게 불완전한 지식으로 질병을 치료하는 일이 위험하다고 할 수도 있다. 하지만 그렇다고 해서 손을 놓아버릴 수는 없다. 생체 시스템에 대한 지식의 완전성 여부를 두고 논란을 벌이는 순간에도, 질병으로 고통받고 죽어가는 환자들이 있기 때문이다. 따라서 불가피하지만 현재의 지식과 기술로 가능한 최선의 치료 방법과 약물을 개발하고자 하는 것이다.

약국에서 어렵지 않게 살 수 있는 약에는 예외 없이 부작용에 대한 설명이 있다. 그런 약들은 몸 안에서 어떤 작용을 일으키고, 어떤 부작용을 일으킬지 수많은 임상 시험을 거쳐 제법 안전하다고 말할 수 있는 것들이다. 임상 시험이라는 말이 함축하듯 신약 개발은 매우 지난하고, 막대한 비용이 들어가는 일이다. 구체적인 경험이 축적되지 않은 상태에서 개발된 약물이 실제 우리 몸속에서 기대한 효능을 나타낼지 아니면 어떤 부작용을 일으킬지 정확히 예측하지 못하는 현실에 신약 개발의 어려움이 있다.

만약 인체 시스템이 어떻게 작동하는지에 관한 완벽한 지식을 갖게 된다면, 그런 부작용들을 어떻게 효과적으로 통제할 수 있는지도 알 수 있게 될 것이다. 결국 우리 몸을 구성하는 요소 간의 복잡한 연결고리, 즉 생명을 유지하는 가장 중요한 특성이 바로 신약 개발에 어려움을 주는 원인이자, 약물이 우리 몸에 들어왔을 때 발생하는 각종 현상의 원인이라고 할 수 있다. 지금부터는 약물이 우리 몸에서 일으키는 각종 현상을 생명의 네트워크라는 관점에서 조명해보자.

3장

부작용, 네트워크의 반란

코로나19는 어떻게 전 세계로 퍼졌을까?

코로나바이러스감염증-19(코로나19)는 SARS-CoV-2
바이러스로 인해 발생하는 감염 질환으로 2019년 12월
중국 우한에서 처음 확인된 후 전 세계로 확산됐다. 세
계보건기구WHO는 코로나19 확진자가 전 세계에서 속
출하자 발생 약 3개월 만인 2020년 3월 11일 팬데믹(세
계적 대유행)을 선포했다. 홍콩독감(1968년), 신종플루
(2009년)에 이어 세 번째였다. 그렇다면 코로나19 병원

균은 어떻게 단 몇 개월 만에 전 세계로 빠르게 퍼져나갈 수 있었을까?

그것은 현대 기술 문명의 증거이기도 한 항공 시스템 때문이었다. 승객과 화물을 실어 나르는 항공 노선은 마치 거미줄처럼 촘촘하게 전 세계로 연결되어 있다. 코로나19가 처음 발생한 우한은 지리적으로 중국 중앙에 위치한 항공 및 기차 교통의 요충지이다. 미국 질병통제예방센터 CDC가 환자를 집계하는 공식 웹사이트, 뉴스, SNS 정보 등을 활용해 코로나19 바이러스가 어떻게 전파됐는지 추적한 결과에 따르면, 당시 중국을 방문했던 관광객을 통해 바이러스가 집중적으로 전파된 것으로 분석했다.

최초 우한에서 중국 전역으로 확산됐고 중국을 여행 중이던 세계 각지 사람들이 바이러스에 감염된 상태에서 잘 갖춰진 항공 시스템을 통해 자기 나라에 돌아가 병원균을 퍼트리는 보균자 역할을 한 것이다. 이런 이유로 많은 나라가 코로나19 초기에 국경을 봉쇄하는 극단적인 방역 조치를 취하기도 했다.

특정 목적을 위해 체계화된 네트워크는 대수롭지

2019년 12월 중국 우한에서 처음 확인된 후 단 몇 주 만에 전 세계적으로 확산된 코로나19

않은 작은 변화로도 엄청난 파장을 불러오는 파괴적 시스템으로 변화될 수도 있다. 요즘 뉴스를 장식하는 지구 환경 시스템의 변화, 즉 지구 온난화 문제가 바로 그렇다. 화석 연료 사용을 통해 배출되는 이산화탄소가 전 지구적 기상 재앙의 한 원인이라는 사실은 네트워크의 특정 부분에 가한 영향이 그 부분과 연결되어 있는 다른 부분에 예기치 못한 영향을 미칠 수도 있다는 우려의 단적인 증거다. 이것이 바로 '네트워크의 반란', 즉 어떤 네트워크 전체에 관한 완벽한 지식을 갖지 못했을 때 발생하는 부작용이다.

지난 1993년 세계 영화 팬들을 흥분시켰던 영화 〈쥬라기 공원〉은 생명 시스템을 통제하려는 사람들이 겪을 수 있는 네트워크의 반란을 아주 드라마틱한 방식으로 보여주고 있다. 영화 속 공원 통제소는 매일매일 공룡들의 수를 체크해 통제하는 시스템을 갖추었다. 그리고 공룡의 수가 늘어나지 않도록 자연 부화가 불가능하게 암컷의 역할을 통제소에서 떠맡아버렸다. 그러나 생명체의 네트워크는 암컷의 개체수가 부족하면 수컷을 암컷으로 변화하게 하는 유연성을 가지고 있었고, 결국 공원에서는 사람들이 예상한 것과 전혀 다른 상황들이 벌어진다.

만약 우리가 인체 네트워크의 모든 부분에 대한 완벽한 지식을 갖고 있다면, 그 네트워크의 부분 부분을 통제하는 약물의 부작용 또한 완벽하게 다스릴 수 있을지도 모르겠다. 하지만 현재로서는 아직 머나먼 꿈같은 이야기일 뿐이다.

아스피린을 모르는 사람은 아마 없을 것이다. 아스피린
은 지난 100여 년 동안 전 세계에서 가장 많이 사용된
소염진통제이며 약 50종 이상의 약물에 성분으로 활용
되고 있는 약의 대명사다. 그러나 이렇게 뛰어난 약도
장기 복용하면 위장관 출혈이라는 부작용이 나타날 수
있다. 이러한 아스피린의 부작용을 개선하기 위해 개발
된 약이 바이옥스Vioxx 다.

바이옥스는 사이클로옥시게나제Cyclooxygenase-2(이
하 COX-2)라는 효소만을 선택적으로 억제함으로써 아
스피린 같은 기존의 소염진통제가 유발하는 속쓰림 현
상을 절반으로 줄이고, 궤양으로 인한 위장 천공을 여덟
배 감소시켰다. 또한 복용 후 약효가 나타나는 시간이
빠르고 지속 시간은 길며, 1년 이상 복용해도 위출혈의
위험 없이 효과적으로 염증과 통증을 완화시킬 수 있었
다. 또 혈소판의 작용을 방해해 피가 잘 굳지 않게 하는
부작용도 없으며, 하루에 한 알만 복용해도 되는 간편함
도 갖추었다.

그 덕에 이 약은 1999년 1월, 골관절염과 급성통증 치료제로 미국식품의약국 FDA의 승인 후 그 해 미국에서만 4900만 건의 처방전이 발행될 정도로 널리 사용되었다. 2000년 7월부터는 국내에도 시판되는 등 80개국 이상에서 판매되었고 2003년 전 세계 매출이 약 25억 달러에 달했다. 이는 이 약을 개발한 머크 Merck사 총 매출의 약 11퍼센트에 달하는 금액이었다. 바이옥스는 아스피린 발명 이후 가장 획기적인 소염진통제라는 평가를 받았다.

　그러나 2004년 9월 거대 제약사 머크는 그동안 세계적으로 잘 팔려나가던 대표적인 소염진통제 바이옥스의 판매 중지 및 자진 회수를 발표했다. 이 약물의 회수 결정은 바이옥스의 지속적인 투여 18개월 이후부터는 심혈관계 사고 위험을 증가시키는 것으로 판명되었기 때문이다.

　바이옥스의 시장 철수 결정이 발표되자 미국 증권가에서 머크의 주가는 27퍼센트가 하락한 주당 33달러를 기록했으며 머크의 시장 가치는 280억 달러 감소했다. 더더욱 큰 문제는 그간 바이옥스를 투여한 수천만

명·환자와 거액을 건 소송이 벌어질 것으로 예상된다는 사실이었다. 경제 전문 애널리스트들은 그 손실이 최대 200억 달러에 이를 것이라 전망했다. 회사를 먹여 살리던 효자 약물이 졸지에 회사의 근간을 흔드는 골칫거리로 돌변한 것이다. 결국 머크사는 2007년 4만 5천 건에 이르는 부작용 관련 소송을 무마하기 위해 합의금 48억 5천만 달러(약 6조 2104억 원)를 피해자들에게 지급하기로 합의했다.

약물의 예기치 못한 부작용으로 인한 약화 사건은 이 밖에도 수없이 많다. 바이엘Bayer 사의 바이콜Baycol 은 콜레스테롤 강하제로 1997년 시판된 후 횡문근융해증rhabdomyolysis 이라는 근육세포파괴 증상과 관련해 미국에서만 33명의 사망자가 확인되었으며, 전 세계적으로는 100여 건 이상의 부작용 사례가 보고됐다. 이로 인해 2001년 바이엘사는 바이콜의 판매 중단과 자진 수거를 결정했다. 바이엘사는 바이콜이 2001년에 9억 유로, 2002년엔 270억 유로의 시장 규모로 성장할 것이라고 예상했으나, 부작용 파문으로 연일 주가가 하락하면서 투자 유치에도 실패했다.

2000년에 출시된 로트로넥스Lotronex는 과민성대장 증후군irritable bowel syndrome 치료제로 미국 내 잠재 고객이 4500만 명으로 추정되고 세계 시장 규모가 100억 달러로 예측되었다. 하지만 그런 기대에도 불구하고 글락소스미스클라인GlaxoSmithkline Plc.사는 2002년 허혈성대장염 및 심한 변비 유발 부작용을 발견해 자발적 회수를 결정했다.

제약 산업이 다른 산업과 근본적으로 구별되는 점이 바로 예기치 못한 부작용에 대한 두려움이다. 대부분 산업에서는 제품이 완전하지 않은 상태에서도 시장을 선점하기 위해 우선 출시한다. 판매가 진행되면서 발견하는 불편함이나 문제점은 추후 제품의 성능 개선에 도움을 주기도 한다. 자동차 업계에서 수시로 리콜 제도가 시행되는 것이 대표적인 사례다. 그러나 약이란 인간의 생명을 대상으로 하기 때문에 효능보다 안전을 중시하는 특성을 가지고 있다. 아무리 수만 명에게 유용하더라도 그 약물로 인해 소수의 인명이 피해를 입는다면 그 약물은 더 이상 사용될 수 없다. 인간의 생명은 결코 확률의 대상이 될 수 없기 때문이다.

이러한 이유로 제약회사가 가장 두려워하는 것이 바로 약물의 부작용이며 이는 핸드폰이나 컴퓨터 등의 불량 사고와는 그 충격이 비교될 수 없다. 아무리 큰 제약회사라 해도 앞서 나열하는 예기치 않은 부작용 사례를 만나게 되면 회사 전체가 존폐의 위기를 맞게 된다. 때문에 최선의 효능을 나타내는 약보다 최고로 안전한 약을 개발하는 것에 더 우선순위를 두는 제약회사도 있다.

약의 위험성을 최소화하기 위해 시판 전에 다양한 임상 시험을 거침에도 불구하고 여전히 약물의 부작용은 현대 과학으로 해결하지 못하고 있다. 약물 부작용은 전 세계적으로 여전히 주요 사망 원인 중 하나로 꼽히고 있다. 그렇다면 약에 대한 부작용은 왜 생길까? 또 부작용 없는 꿈의 약물을 개발하는 일은 과연 불가능한 일일까?

약물과 체내 약물 타깃 간의
특이 결합과 부작용

몸에 들어간 약물은 특정 효소나 단백질 등 각종 생리 작용에 관여하는 자신들의 타깃에 결합함으로써 기대하는 약물 작용을 일으킨다. 그러나 우리 몸속에는 서로 유사한 구조를 가진 단백질들이 많다. 따라서 몸속에 들어간 약물은 원래의 타깃뿐 아니라 타깃과 유사한 구조를 가진 다른 단백질에 결합할 수도 있으며, 그 결과 기대하지 않은 효과를 나타내는 경우가 있다.

앞서 예를 든 바이옥스의 경우 타깃인 COX-2 외에 인체 내에서 COX-2와 구조가 유사하지만 생리적 기능이 다른 또 다른 효소 COX-1에 결합할 수 있다. 비록 바이옥스가 COX-2에만 결합할 수 있도록 개발되었다지만 여전히 COX-1에도 결합해 부작용을 나타낼 가능성도 열려 있는 것이다. 그리고 무엇보다 우리가 아직 발견하지 못한 다양한 기능들이 COX-2 자체에 있을 수 있다(그림 3).

이러한 이유 때문에 약을 개발하는 과학자들은 특

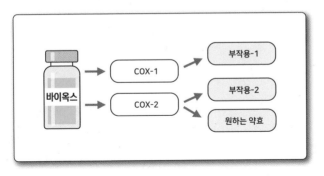

[그림 3] 약물이 일으킬 수 있는 부작용들의 경로

약물의 부작용은 각 약물이 작용하는 유사 타깃과 결합해 나타나는 경우(부작용-1)와 원래 타깃이 관여하는 생리 기능이 한 가지 이상이어서 나타나는 경우(부작용-2), 혹은 이런 경우들의 합으로 인해 발생할 수 있다.

정 약이 원하는 타깃에만 결합해(이를 특이 결합이라고 한다) 원하는 효능만을 나타낼 수 있도록 약을 개발하기 위해 가능한 한 모든 지식과 기술을 동원한다. 일단 약물과 그 타깃 간의 특이성은 타깃의 구조를 잘 분석함으로써 드러나며, 아울러 연구 과정 중에 밝혀진 어려움을 극복해 개선할 수 있는 가능성을 열게 된다.

그러나 약물과 타깃 간의 특이 결합이 가능하게 되더라도 약물의 부작용은 또 다른 이유에 의해서 발생할 수 있다. 그것은 약물의 타깃이 주변에 수많은 다른 단백질이나 구성 성분과 거미줄처럼 얽혀 있어 약물의 작용이 원하는 방향만이 아니라 원하지 않는 방향으로도 진행될 수 있기 때문이다.

더욱이 아직도 우리 몸을 조절하는 유전자나 단백질 사이 복잡한 네트워크의 지도와 작용 원리에 대해 충분한 정보를 가지고 있지 못한 현실에서 타깃에 작용한 약물의 반응이 어떤 방향으로 어떻게 진행될지 만족스럽게 추측하는 것은 거의 불가능에 가깝다고 고백하지 않을 수 없다.

이렇듯 새로운 약물은 어떠한 부작용을 일으킬지 모르기 때문에 반드시 임상 시험을 통해 환자를 치료하는 효능뿐만 아니라 정상인에게 미치는 독성 등을 검사하고 안정성을 확인한 후에야 실제 환자에게 적용할 수 있다. 그러나 이러한 임상 시험 역시 제한된 숫자의 정상인과 환자를 통해 이루어진다는 점에서는 근본적인 한계를 갖고 있다. 임상 시험을 통과하더라도 완전히 안전하다고는 말할 수 없는 것이다. 즉 신종 약물이 허가를 받고 시장에 나온 후 실제로 치료에 적용하는 환자의 수가 늘어나면서 바이옥스와 같은 예상치 못한 부작용 사례를 만나게 되는 경우는 허다하다. 이러한 이유들로 인해 안전하고 원하는 효능만을 나타내는 약물을 개발한다는 것은 현재의 지식과 기술로는 어느 누구도 장담할 수 없다.

따라서 시중에서 근거가 불분명한 약품이나 건강식품에 대해 만병통치라고 광고하거나 부작용이 없는 약이라고 선전하는 경우를 접하면 조심하는 것이 좋다. 우리 몸을 구성하는 유전자와 단백질이 거미줄처럼 서로 얽혀 있는 한, 그리고 우리의 지식이 아직 불완전한 상태인 한, 섣부른 자신감은 오히려 독이 될 수 있다.

우리 몸의 복잡한 네트워크에서, 하나의 약물 타깃을 정확히 선택하고 또 그 타깃이 수행하는 복합적인 기능 중 한 가지 기능만을 선택해 원하는 만큼 약물로 조절하는 것은 거의 불가능하다고 말하는 것이 솔직한 태도다. 다만 가능한 한 원하는 효능을 극대화하고, 수반되는 부작용을 최소화하는 약물이나 전략을 고안해서 사용하는 것이 현재 과학의 수준에선 최선의 방법이라고 말할 수 있다.

4장
예상 못한 연결고리, 네트워크의 선물

약물의 리포지셔닝

오늘날 선진 산업사회뿐만 아니라 전 지구적으로 인터넷이라는 네트워크 시스템이 갖고 있는 영향력은 의식주에 버금갈 만하다. 그런데 이 인터넷이 어떻게 시작되었는지를 알면 네트워크가 갖고 있는 힘을 다시 한번 생각하게 된다. 본래 인터넷은 미국 국방부의 고등연구계획국이 개발한 컴퓨터 네트워크 '알파넷ARPANet'에서 시작되었다. 하지만 초창기 개발자 중 그 누구도 자신들이 사용하고 있는 시스템이 전 지구적 연결망이 되어 우리 일상을 송두리째 바꿔버릴 것이라고는 예상하지 못했다.

통제하려고 하는 시스템의 복잡성이 예기치 않은 결과를 나타내는 경우, 늘 재앙을 불러오는 것은 아니다. 예기치 않은 결과들 중에는 그야말로 '선물'이라고 할 수 있을 만큼 유용한 것들도 있다. 네트워크의 연결고리에 대한 부족한 이해가 부작용을 낳기도 하지만, 의외의 놀라운 성과를 보여주기도 한다.

앞서 말했던 것처럼 인체라는 복잡한 네트워크는 안정성과 유연성이라는 두 마리 토끼를 다 잡아야 하는 시스템이다. 따라서 제한된 지식으로 그 복잡한 시스템을 완벽하게 통제하는 일은 거의 불가능해 보인다. 그 때문에 특정한 목적을 가진 행위가 예기치 못한 부작용을 낳기도 하지만 반대로 기대하지 못했던 효능을 발견하는 기회도 된다. 이처럼 무지는 대개의 경우 재앙의 원인이 되지만 동시에 축복의 실마리가 되기도 한다. 그런 사례를 신약 개발의 경우에서도 어렵지 않게 찾을 수 있다.

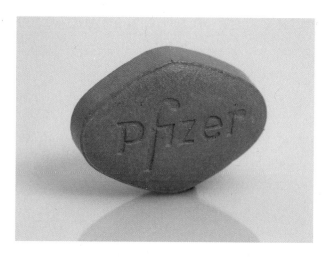

다국적 제약기업 화이자에서 만든 비아그라. 협심증 치료제로 개발되었으나 임상 시험 과정에서 남성 발기부전에 탁월한 효과가 밝혀져 발기부전 치료제로 개발되었다.

　　다국적 제약기업 화이자Pfizer사의 발기부전 치료제 비아그라Viagra는 약의 발전사에서 라이프스타일 의약품 이라는 새로운 범주를 만든 기념비적 발명품이다. 본래 비아그라는 혈관 확장을 유도하는 약물로써 혈관계 질환 인 협심증 치료제로 개발됐다. 그런데 임상 시험 과정에 서 남성의 발기부전을 개선하는 데 탁월한 효과가 있다 는 것이 밝혀졌고, 결국 발기부전 치료제로 개발되었다.

　　비아그라가 남성 성기의 발기를 돕는 원리는 비아

그라의 주원료인 실데나필이 남성이 성적으로 흥분할 때 생성되는 사이클릭 GMP Cyclic GMP 라는 화학물질의 분비를 돕는 동시에 발기 저해 효소인 포스포디에스테라제 Phosphodiesterase type 5 (이하 PDE5)의 활성을 억제하기 때문이다. 비아그라는 일반적인 신약 개발과는 매우 다른 신약 개발 성공 사례다. 달리 생각해보면 의도된 작용과 다른 작용을 일으킨, 일종의 부작용이라 할 수 있는 효과를 새로운 용도로 적극적으로 개발함으로써 전 세계에서 가장 잘 팔리는 약 가운데 하나로 만들어낸 것이다.

비아그라가 개발되기 전에는 발기부전 치료에 약물을 사용하는 일은 드물었다. 약물로 인한 효과가 매우 미약했기 때문이었다. 그 대신 성기에 보형물을 삽입하는 방법을 주로 처방했는데, 이는 환자에게 매우 불편한 일이었다. 따라서 발기부전으로 고민하는 전 세계 수많은 남성에게, 그리고 그들을 안타까운 눈으로 바라봐야 했던 아내들에게 비아그라는 새로운 인생 해법을 제공했으며 심지어 일반인 중에도 이 약을 정력제로 복용하는 경우까지 생겨났다. 이렇게 협심증 치료제로 개발된 약물이 아이러니하게도 본래 의도와는 전혀 다르게 사용된 것이다.

2005년 화이자는 미국과 유럽에서 비아그라의 약물 활성 성분인 실데나필을 폐동맥고혈압과 만성혈전색전증 치료를 위한 의약품으로 지정받았다고 발표했다. 이는 비아그라가 원래 목적인 심혈관 질환 치료제로 개발되었음을 의미하는 것이다. 한 가지 물질로 목적한 효과와 부작용을 활용한 효과, 두 가지를 노려 개발한 셈이다. 화이자는 이 약의 이름을 '레바티오'로 명명했는데 이는 '비아그라'라는 상품명이 발기부전 개선제로서의 이미지가 너무 강해 같은 이름으로는 고혈압 치료제로서의 판매에 어려움을 겪게 될 것을 우려한 조치다. 이같이 하나의 약물이 처음과는 다른 새로운 효능을 나타내는 것을 발굴하여 다시 새로운 약을 개발하는 것을 약물의 '리포지셔닝 repositioning'이라 한다.

약의 개발 역사에 있어서 비아그라 같은 경우는 어렵지 않게 찾아볼 수 있다. 진통제의 대명사가 되어버린 아스피린의 경우 최근까지도 새로운 효능이 계속 드러나고 있다. 아스피린은 1899년 해열진통제로 세상에 나왔지만 이후 심장질환, 뇌졸중, 대장암 예방 등으로 그 적용 범위를 넓혀가고 있다.

또 고혈압 치료에 사용되는 스타틴 계열의 약물*들은 나쁜 콜레스테롤을 줄이고 좋은 콜레스테롤을 늘리는 작용을 하는 고지혈증 치료제로서 심근경색, 뇌졸중, 협심증 등에도 사용되어 세상에서 가장 많이 팔리는 약 중의 하나가 되었다. 최근 연구에 의하면 스타틴 계열의 약물들은 심부전증, 골다공증, C형 간염 치료에도 효과가 있음이 속속 밝혀지고 있어 아스피린에 이은 또 하나의 만병통치약으로 발전할 가능성을 보이고 있다.

또 전립선비대증과 전립선암 치료제로 1992년 개발된 피나스트라이드Finastride는 이를 투여한 환자의 머리에 머리카락이 나는 것이 발견되어, 1997년 다시 탈모방지용 약물로 승인되었다. 항암제는 흔히 머리카락을 빠지게 하는 것으로 알려져 있는데 머리카락을 나게 하는 약이라니 이게 웬 말인가? 이것은 바로 전립선비대증과

* 스타틴 계열의 약물은 심혈관 질환 환자나 그러한 위험성이 있는 사람들의 콜레스테롤을 낮추어준다. 이들은 콜레스테롤 합성에 가장 결정적인 역할을 수행하는 HMG-CoA 환원효소의 활성을 억제함으로써 저밀도 지방단백질(Low-density Lipoprotein)을 제거해 혈중 콜레스테롤 감소 효과를 일으킨다.

임신부의 구토억제제로 개발된 탈리도마이드는 태아에게 영양분을 공급하는 혈관 생성을 억제해 심각한 태아 기형을 유발했다.

탈모가 남성 호르몬 테스토스테론과 연관되어 있기 때문이었다.

가장 극적인 약의 리포지셔닝이라고 한다면 탈리도마이드Thalidomide의 경우를 들 수 있다. 이 약은 1953년 독일 제약회사 그루넨탈Grunenthal이 임신부의 구토억제 및 수면을 돕는 약으로 처음 개발했다. 그러나 후에 태아에 영양분을 공급하는 혈관 생성을 억제해 심각한 태아 기형을 유발하는 것으로 알려져 '악마의 약물'이라는

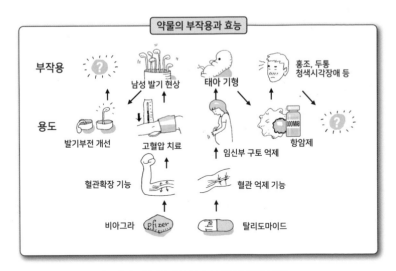

[그림 4] 약물의 부작용과 효능은 동전의 양면과 같다.

비아그라는 원래 협심증 치료제로 개발되었으나, 새로운 용도 즉 발기부전 개선 효과가 발견되어 널리 사용되었다. 그러나 이 용도로 사용하는 환자들이 늘어남에 따라 새로운 부작용 사례들이 보고되고 있다. 한편 탈리도마이드는 임신부의 구토 증세를 완화하고자 개발되었으나 태아 기형을 일으키는 부작용을 낳아 사용이 금지되었다가 최근에는 항암제 효과가 발견되어 다시 쓰이고 있다.

별명을 얻게 되었으며, 이로 인해 약의 개발에 있어서 안전성 검사가 얼마나 중요한지를 생각하게 하는 계기를 제공했다. 그러나 탈리도마이드가 암세포의 성장을 억제하는 효능이 있다는 것이 밝혀져 2006년 8월 미국 식품의약국이 이 약을 암의 일종인 다발성골수종 환자에게 제한적으로 사용하도록 승인했다. 악마의 약물이 생명의 약물로 다시 부활하는 순간이었다(그림 4).

우연이 가져온 약물의 부작용과
새로운 용도의 발견

이처럼 약물의 효능과 부작용은 그 목적이 무엇인가에 따라 다르게 볼 수 있다. 과연 이 같은 일들은 우연이었을까 필연적 결과였을까? 다시 한번 네트워크라는 관점에서 이 문제를 조명해보자. 앞에서 말했듯이 몸을 구성하는 성분들은 아주 밀접하게 연결되어 있다. 따라서 그중 하나의 구성 성분에 약물이 작용하는 경우, 그 효과는 구성 성분에 연결되어 있는 다른 인자들을 통해 여러 갈래로 파장이 일어나게 마련이다.

흔히 이것을 앞서 이야기한 바와 같이 부작용이라고 한다. 마치 광화문 네거리에서 사고가 나면 동서남북으로 진행되는 모든 길에 영향을 주는 것과 같다고 생각하면 될 것이다. 그러나 북쪽 방면의 소통이 막힘으로써 동쪽 길의 교통량이 증가해 그곳에 있는 상가들 사업이 번창하게 된다면 그것은 북쪽 길이 막힘으로써 동쪽 길의 새로운 용도가 나타난 것이라 볼 수 있다. 북쪽 길의 막힘과 동쪽 상가의 번영, 이 두 사건을 그 결과만 놓고 보면 서로 상관없는 우연 같아 보이지만 사실은 북쪽과 동쪽이 광화문 네거리를 통해 연결되어 있는 탓에 일어난 필연적인 사건이다.

현상만 놓고 본다면 누가 협심증 치료제와 발기부전 치료제가 동일한 물질로 연관되어 있으리라 기대했겠는가? 그러나 비아그라처럼 원래 의도했던 효과에서 나타나는 부작용을 잘 활용하면 그로 인해 새로운 효과를 개발하는 동기가 되는 것이다. 단지 몸을 구성하는 유전자와 단백질 간의 네트워크 지도를 아직까지 잘 알지 못하기 때문에 숨어 있는 부작용을 예측하지 못하는 것처럼, 새로운 효능도 미리 예측하지 못한 상태에서 발견되므로 꼭 우연처럼 보이는 것이다.

만약 약물에 대한 부작용과 새로운 용도를 과학적으로 예측할 수만 있다면 약의 개발과 임상적 적용에 있어서 수많은 시행착오를 줄일 수 있을 것이며, 수천억

원에 이르는 약물의 개발 비용을 절감하고 더 많은 신약을 개발하는 데 보탬이 될 것이다. 이러한 이유로 과학자들은 인체를 구성하는 단백질들의 네트워크를 이해하고자 오늘도 심혈을 기울이고 있는 것이다.

5장

내성, 네트워크의 저항

슈퍼 바이러스의 등장

1997년 7월 어느 날 미국 미네소타주에서 일곱 살 난 소녀가 오른쪽 허벅지에 심한 통증을 느껴 입원하게 되었다. 체온은 39.5도로 올라가 있었고 의사들은 세균 감염을 원인으로 판단해 곧바로 항생제를 투여했지만 어찌된 일인지 약효는 없고 상태는 계속 나빠지기만 할 뿐이었다. 결국 소녀는 폐렴에 흉농까지 겹쳐 5주 동안이나 호흡곤란으로 고통스러워하다가 끝내 폐에서 출혈을 일으켜 사망했다.

　그 후 6개월이 지난 1998년 1월, 이번에는 미네소타에서 가까운 노스다코타주 근교에서 생후 16개월 된 아기가 40.6도의 고열과 경련으로 병원을 찾았다. 진찰을 한 의사가 항생제를 처방했지만 증상은 계속 악화되어 병원으로 옮겨진 지 불과 2시간 만에 심장마비로 숨을 거뒀다. 이와 비슷한 증상으로 사망한 사례는 1999년에도 2건이나 더 보고됐다.

　미네소타주에 사는 열세 살 난 소녀는 남자 아이들과 어울려 축구를 할 정도로 건강하고 쾌활한 중학생이었다. 그녀는 1999년 1월 고열과 가래 증세를 보여 진찰을 받았다. 엑스레이 촬영으로 왼쪽 폐에 폐렴 징후와 흉수가 고여 있는 것을 발견했다. 집중 치료실로 옮겨 항생제를 연속으로 투여했음에도 불구하고 입원 후 7일 만에 다장기부전*으로 사망했다. 거의 같은 시기 노스다코타주에서도 생후 12개월 된 남자 아이가 폐렴에 걸려 긴급히 입원했는데, 진찰했던 의사들은 항생제로 치료

* 감염이나 큰 상처, 수술 등으로 인해 간혹 발생하는 현상으로 여러 장기의 기능이 급성으로 동시에 이상을 일으키는 것을 말한다.

할 수 있다고 판단했지만 증상은 전혀 개선되지 않았다. 이 아이 또한 심한 호흡곤란과 저혈압증으로 이틀 뒤 사망했다.

　네 명의 환자를 진료했던 의사들은 모두 환자들의 몸 안에서 약제 내성drug resistance 포도상구균MRSA 을 검출했다. 그 즈음 미국에서는 죽음에 이를 정도는 아니지만 비슷한 증상을 보인 사례가 300건 이상 접수되고 있었다. 약제 내성 포도상구균에는 가장 강력한 항생제 반코마이신Vancomycin 이 유일하게 특효약으로 남아 있었지만, 80년대 후반에는 반코마이신도 거부하는 신종 박테리아 반코마이신 내성 장구균Vancomycin resistant enterococci (이하 VRE)이 유럽에서 출현했다.

　일본에서도 1996년 이후부터 VRE 감염자가 여기저기서 나타나기 시작했다. 일본에서는 기타큐슈시의 한 병원에서는 1998년에서 2002년까지 4년간 VRE를 포함한 내성균 감염으로 20명의 사망자가 발생한 것이 알려져 큰 충격을 주기도 했다. 이렇게 플레밍의 페니실린 발견 이후 의약 개발사에 있어서 가장 확실하게 정복한 것으로 믿고 있었던 각종 병원성 세균들이 어느새 그

동안 사용해온 각종 항생제들에 대한 내성을 획득해 다시 우리 생명을 위협하고 있다.

메티실린 내성 황색포도상구균 MRSA, VRE, 반코마이신 내성 황색포도상구균 VRSA 같이 어렵고 복잡한 이름을 가진 균의 공통점은 지극히 위험한 병원균들이라는 것이다. 사실 인류가 우리 건강을 위협하는 세균의 존재를 깨닫고 힘겨운 싸움을 시작한 역사는 그리 길지 않다. 1683년 안토니 반 레벤후크 Antonie van Leeuwenhoek 가 현미경을 통해서야 볼 수 있는 미세한 생물을 보고한 이래, 로버트 코흐나 파스퇴르 같은 과학자들이 19세기에 들어와서야 비로소 세균의 공격에 저항하는 방법을 체계적으로 마련하기 시작한 것을 생각하면 실제로 세균과의 본격적인 전쟁을 벌인 지 200년이 채 되지 않는다고 해야 할 것이다.

하지만 그 짧은 시간 동안 인류의 지식은 폭발적으로 성장했다. 특히 페니실린의 발견은 인류에게 질병을 일으키는 세균을 조만간 지구 밖으로 추방할 수 있으리라는 기대마저 품게 했다. 그러나 이렇게 인류의 의학지식이 발전하고 있는 동안 세균도 멸종되기만을 기다

네덜란드의 현미경학자이자 박물학자인 레벤후크는 상업에 종사하면서 렌즈 연마술·
금속 세공술 등을 익혀 확대율 40~270배의 현미경을 만들었다. 자신이 만든 현미경으
로 원생동물·미생물 등을 관찰해 육안으로는 볼 수 없는 생물이 있음을 밝혔다.

리고 있었던 것은 아니다. 어떤 생명체이든 생존을 위협
하는 도전에 대항하기 마련이다. 끝까지 살아남아 자신
의 유전자를 후손으로 이어가는 것은 모든 생명체들의
기본적인 본능이기 때문이다.

결과적으로 세균들은 그들을 파괴하려는 항생제에

대항해 과거에 비해 더 치명적이고, 파괴적으로 진화했다. 더구나 세균의 그런 변화를 서두르게 만든 원인 중 하나가 바로 무분별한 약물 남용이다. 세균이 메티실린이나 반코마이신 같은 강력한 항생제에 적응할 수 있었던 까닭은 간단하다. 그렇게 적응할 수 있을 정도로 항생제에 많이 노출되어 내성을 가진 변이체들이 살아남았기 때문이다.

예컨대 우리 자신을 돌아보자. 우리에게는 무분별하다 싶을 정도로 항생제를 남용하던 시절이 있었다. 이는 질병에서만 발생하는 문제가 아니다. 밥상에 반가운 손님으로 오르내리는 육류나 회, 심지어 채소까지도 항생제에 심각하게 노출되어 있다. 식탁에 올릴 돼지나 닭을 기르면서, 또 물고기를 양식하면서 질병 따위는 걱정하지 말고 모쪼록 건강하고 튼튼하게 잘 자라라고 아낌없이 항생제를 먹여왔기 때문이다. 바로 그러한 환경의 변화가 항생제에 적응해 살아남을 수 있는 돌연변이 균들에게 우세한 생존의 기회를 제공했다. 본래 병원균들을 공격하기 위해 만들어낸 칼날들이 거꾸로 우리 자신의 안전을 위협하게 된 셈이다.

약물의 내성은 왜 생길까?

세상의 살아 있는 모든 생명체는 외부 도전에 반응해 다시 생존의 방법을 찾아내는 능력을 가지고 있다. 약이란 질병을 치료하기 위해 개발한 발명품이지만 몸 전체의 입장에서 보면 바람직하지 않은 일종의 자극에 해당한다. 따라서 우리 몸도 약물에 의해 동일한 자극을 지속적으로 받으면 이에 대한 내성을 획득한다. 이 같은 현상은 특정 약을 오랫동안 복용해본 사람이면 한번쯤 경험한 바 있으리라 생각한다. 항암제도 오래 사용하면 암세포가 내성을 가지게 되며 수면제나 진통제의 효과도 시간이 지날수록 그 효력이 감소한다. 즉 살아 있는 것은 사람이든 세균이든 모두 특정 자극에 대해 내성을 키운다고 보면 된다.

과도한 스트레스와 음주 문화로 많은 한국 사람들이 속쓰림으로 고생한다. 속쓰림은 과다하게 분비된 위산이 위벽을 상하게 해 위염, 나아가 위궤양 등으로 진행해 나타나는 증상이다. 요즘은 속쓰림을 다스리기 위해 여러 가지 복합적인 방법을 사용하고 있지만 초기에는 과다한 위산분비로 인한 산성을 중화하기 위해 알칼리성 물질인 중조나 수산화알루미늄 같은 성분을 처방하는 것이 전부였다.

그러나 이러한 물질로 위산이 중화되어 위의 산도가 엷어지면, 우리 몸은 위산이 부족하다고 느끼고 더욱 많은 위산을 분비한다. 따라서 곧 다시 위가 쓰리게 되고 그러면 더 많은 알칼리를 복용해 중화해야만 한다. 이러한 악순환이 지속되면 동일한 용량의 약으로는 그 효력을 볼 수가 없고 점점 사용해야 하는 약의 양이 늘어나게 되는 것이다. 이렇게 같은 약물을 지속적으로 사용함으로써 약물의 효과가 감소하거나 없어지는 것을 약물에 대한 '내성'이 생긴다고 하는데 과정과 정도는 다르지만 대체로 같은 현상이 거의 모든 종류의 약물들에 대해서 나타날 수 있다고 보면 된다.

그렇다면 약물의 내성은 도대체 어디서 기인한 것일까? 생명체의 고유한 특성 중 하나는 바로 '항상성 homeostasis'이다. 즉 생명체는 외부의 각종 자극과 스트레스에 반응해 자신의 생리 조건을 동일하게 유지하려는 성향을 가지고 있다. 운동으로 체온이 높아지면 땀을 내어 체온을 식혀준다든지 겨울에 체온이 내려가면 몸을 떨어 체온을 올리려는 반응을 보이는 것, 또 음식을 먹어 혈당이 올라가면 인슐린을 분비해 혈당을 떨어뜨리고 금식으로 혈당이 떨어지면 글루카곤 같은 호르몬을 분비해 체내에 저장해두었던 글리코겐을 분해해 혈당을 보충하려는 것 등 항상성을 유지하기 위한 장치는 수없이 많다.

우리 몸속의 생명 분자들이 복잡한 네트워크를 이루는 가장 큰 이유 중 하나가 바로 이 항상성 유지를 위해서다. 서로 긴밀하게 연결되어 어느 하나가 균형을 잃게 되면 바로 주변의 인자들이 이를 감지해 다시 균형을 잡을 수 있도록 하는 것이다. 생명체의 네트워크가 기계와 컴퓨터, 전파 등에서 보는 네트워크와 다른 점은 인간이 만든 네트워크는 만들어진 시스템의 한계 내에서 운용되지만 생명체의 경우는 필요와 상황에 따라 상호 연결고리의 폭을 넓히거나 좁히는 변화를 일으킬 수도 있고, 없던 길도 만들거나 있던 길도 없앨 수 있을 만큼 그 변화의 폭이 크다는 데 있다.

예를 들어 특정 약물을 지속적으로 먹게 되면 세포

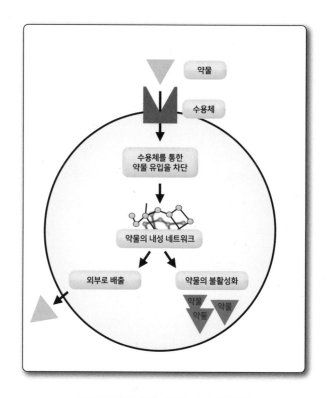

[그림 5] 약물의 내성을 유발하는 세포 내의 반응들

약물에 대한 내성은 약물을 세포 내로 유입시키는 수용체를 불활성화하거나 수를 줄어
약물의 유입을 차단하고 일단 유입된 약물은 외부로 다시 내보내거나 화학적으로 변형
시켜 활성을 약화시키는 등의 방법으로 이루어진다.

는 세포막에 존재하는 그 약물의 수용체 수를 줄여 과도한 약물의 유입을 막거나 펌프를 이용해 세포 내로 유입된 약물을 다시 외부로 유출시켜버린다. 혹은 유입된 약물을 화학적으로 변화시켜 활성을 약화시키기도 한다. 이러한 대처 방법들의 목표는 하나다. 신체의 항상성을 유지하려는 것이다. 이 같이 신체에 다양하게 연결되어 있는 서로 다른 기능 요소들을 통해 유지되는 생리의 항상성은 생명체를 정상적인 상태로 유지하기 위해서는 매우 중요하지만 약물이 효능을 발휘하기에는 매우 불편한 특성이다.

약물 역시 우리 신체의 입장에서는 일종의 자극이자 스트레스인데 특정 약물을 지속적으로 투여하면 이러한 자극을 감소시키고 항상성을 유지할 수 있도록 몸의 시스템이 반응하게 된다. 따라서 처음에는 효과를 발휘하던 약물이 복용을 지속하면 점차 그 효력을 상실하는 것이다(그림 5). 따라서 약물의 효능을 다시 보기 위해서는 어쩔 수 없이 투여량을 늘려야 한다. 이러다 보면 적은 양을 복용할 때는 나타나지 않던 부작용이 나타나고, 결국 원하는 약효를 감소시킴과 동시에 원하지 않는 부작용을 수반하는 결과를 초래할 수 있다.

따라서 약물에 대한 내성은 우리 몸을 구성하는 유전자와 단백질들이 다양한 경로의 네트워크를 통해 연결되어 상호 조절하고 있는 한 발생할 수밖에 없는 필연적 결과다. 인체의 질병도 생명체의 속성을 가지고 진화하기 때문에 한 가지의 좋은 약물이 개발되었다고 해서 그 질병이 완전히 정복되었다고 말할 수 없는 것이다.

어떻게 약물의 내성을 최소화할 수 있나?

의약품의 개발 역사상 가장 성공적인 사례가 항생제다. 페니실린 이후 각종 항생제가 개발됨으로써 전염병을 유발했던 대부분의 병원균이 제압되었다. 심지어 천연두를 유발하는 균은 지구상에서 완전히 사라졌다고까지 선언된 바 있다. 그러나 이제 이러한 균들은 오랜 동안의 잠복기를 통해 기존 항생물질에 대한 내성을 지니고 어떤 항생제에도 죽지 않는 '슈퍼 박테리아'가 되어 다시 우리 생명을 위협하고 있다.

조속한 시일 내에 새로운 항생제들을 개발하지 않으면 이제 인류는 다시 전염병이 창궐하던 시대를 맞이할지도 모른다. 특히나 내성을 가진 세균의 문제는 결코 국지적 문제가 아닌 전 지구적 문제다. 코로나19를 통해 보았듯이 어떤 나라에서 발생한 바이러스나 세균이 바다를 건너 다른 대륙으로 넘어가는 일이 과거처럼 그리 오래 걸리지 않기 때문이다. 따라서 항생제 남용은 누구 한 사람만의 문제가 아니라 인류의 생존 문제라고 해야 옳다.

무엇보다 분명한 것은 영원히 유효한 약이란 없다는 사실을 깨닫는 일이다. 우리가 자연을 통제하려고 하면, 자연은 다시금 그 통제를 벗어나는 방법을 발견해내기 때문이다. 그리고 새로운 약을 하나 개발하기 위해서는 10년 이상의 기간이 필요한 것을 생각할 때 이제까지 개발된 항생제를 무력화시키는 세균의 등장이 얼마나 큰 파괴력을 지닐지 예상하는 일은 어렵지 않다. 따라서 각고의 노력 끝에 개발된 약물들에 내성이 발생하는 것을 최대한 막아 그 약물의 수명을 가능한 한 길게 하는 지혜가 필요하다.

그렇다면 어떻게 약물의 내성을 최소화할 수 있을까? 약물의 내성은 질병을 일으키는 원인균 역시 살아 있는 네트워크의 일부로서 그 자체로 '살아 있는 되먹임'의 특성을 가지고 있기 때문에 나타난다. 따라서 약물의 작용이 아주 강해 그 효과가 크면 클수록 역설적으로 그 내성 역시 빨리 나타날 수밖에 없다. 마치 물리학의 작용-반작용 법칙과 유사하다고 볼 수 있다. 예를 들어 항생제가 병원균들을 무자비하게 죽일수록 균들은 빨리 죽지만 그 내성을 나타내는 균 역시 빠른 속도로 발생한다. 이러한 특성은 비단 항생제뿐만 아니라 진통제, 항암제 등 대부분의 약물에 대해 일반적으로 적용된다고 보면 된다.

따라서 가장 효과가 높은 약물이 반드시 좋은 약은 아닐 수 있는 것이다. 비록 효능은 조금 덜하더라도 질병을 덜 자극하고 몸에 부작용이 적어서 환자의 삶의 질을 높여주고 결과적으로 환자의 생존 확률을 높이며 내성 발생의 확률을 낮추어 준다면 그것이 더 좋은 약일 수 있다. 그래서 대체의학 분야에서는 암 치료 등에 효능이 부드러운 여러 가지 자연 치유법들을 활용하고, 화학적 합성에 의해 개발된 항생물질보다는 자연추출물들을 이용하기도 하는 것이다.

또 내성 유발을 억제할 수 있는 다른 방법은 환자가 견딜 수 있는 한 약물 사용을 자제하는 것이다. 사실 인체는 질병의 공격을 대부분 막아낼 수 있는 자체 방어 시스템을 가지고 있다. 따라서 건강한 사람은 몸속에 병원균이 없어서가 아니라 외부에서 침입한 병원균이나 초기에 발생한 암세포를 자체적으로 처리할 수 있는 능력이 우월해 병원균들이 질병으로 발전하지 못한다. 환자가 되었다는 것은 이 싸움에서 우리 몸의 방어 시스템이 병원균이나 암세포에 패배했거나 무력화되었다는 것을 의미한다. 따라서 가장 이상적인 약물 사용은 이러한 싸움에서 우리 인체의 방어 시스템이 병원균의 공격을 막아 내는 데 있어 부족한 부분만큼만 채워줄 수 있는 것이면 좋다. 이보다 더 공격하게 되면 질병 역시 내성으로 응전할 수 있기 때문이다.

인류의 역사가 우리에게 가르쳐주는 깨달음은 질병이 결코 같은 하늘을 이고 함께 살 수 없는 불구대천의 원수가 아니라 우리와 함께 살아야 할 인생의 일부라는

것이다. 그 사실을 인정하고 질병의 완전 절멸을 목표로
삼기보다는 우리 건강과 생명을 앗아가지 못하도록 하
는 수준에서 싸우는 것이 가장 좋은 해결책이다. 질병과
의 전쟁도 사람들 사이의 전쟁과 마찬가지라고 할 수 있
다. 한쪽에서 도를 넘는 공격을 퍼부어 상대방에 막대한
피해를 입히면, 그 상대방은 복수심에 불타 상황이 반전
되었을 때 결국 더 끔찍한 보복 행위를 저지르곤 한다.
슈퍼 박테리아가 바로 그런 경우에 해당될 것이다. 상호
간에 가공할 정도의 보복전을 만들지 않는 좋은 해법은,
만약 피할 수 없는 전쟁이라면 최대한 질병과의 싸움을
약한 수준에서 수행함으로 상호 응전의 반응을 미약하
게 하는 방법이다.

  '질병과 공존하는 지혜'가 자칫 허황된 이야기처럼
들릴 수도 있겠지만, 더 끔찍한 파국을 막기 위한 불가
피한 선택이라고 볼 수도 있다. 예컨대 자연계에서 흔하
게 볼 수 있는 기생적 공생 관계를 보자. 어떤 기생체가
자신의 생존을 위해 숙주를 파괴하는 것은 결코 그 기
생체의 생존에 유리한 전략이 아니다. 그 파괴력이 크
면 클수록 숙주 자체가 빨리 파괴될 가능성이 높아지는

데, 그러면 기생체의 입장에서는 어렵게 얻은 숙주를 포기하고 새로운 숙주를 찾아야 하는 상황이 발생한다. 따라서 효과적인 기생 전략은 숙주가 자신의 기생으로 치명적인 피해를 입지 않도록 하는 것이다. 그래서 경우에 따라서는 기생체들이 숙주 내 자체 방어 시스템의 지원군이 되기도 한다. 가령 우리 몸에 적응해서 안정적인 생활을 유지하고 또 인체에 별다른 타격을 주지 않는 기생체들은 새로운 외부 기생체가 우리 몸 안으로 들어와 기생체끼리 생존 경쟁을 벌여야 하는 상황을 달가워할 이유가 없다.

이런 설명이 정확하지는 않다고 할지라도 질병과 공존한다는 의미가 무엇인지는 분명하게 알게 해준다. 점점 더 강한 약으로 병원균을 제압하는 일은 점점 더 강한 반발을 불러일으킨다. 상대를 제압하는 가장 효과적인 방법은 상대를 엄청난 힘으로 억압하는 것이 아니라 상대를 순화시키는 일이다.

실제로 최근 개발되는 항암제들은 암세포를 독성으로 죽이기보다는 더 성장하여 온몸으로 퍼지는 것을 막고 힘을 빼서 우리 몸의 방어기전에 의해 억제될 수 있도록 도와주는 방향으로 개발되고 있다. 이러한 약들은 기존 항암제들처럼 암세포를 직접 죽이지는 않지만 탈모, 구토, 통증 등 견디기 힘든 부작용을 수반하지 않고 환자의 삶의 질을 높여 치료 효과를 극대화한다.

최근 항암제의 새로운 시대를 열게 한 획기적 면역 항암제 역시 암세포가 우리 몸의 면역을 회피하는 작용을 막아 줌으로써 우리 몸의 면역체계가 암을 잘 제거할 수 있도록 도와주는 것이다. 병과 약의 전쟁, 그것은 보이지 않는 세계에서 일어나고 있는 끝없는 도전과 응전의 역사이자 지혜로운 삶의 철학이 투영되는 또 하나의 현장이다.

6장

중독과 금단현상, 네트워크의 굴복

중독과 금단현상

지난 수년간 전기차 대중화가 급속히 이루어지고 있고 태양광, 풍력, 핵융합 등 대체 에너지 기술이 대안으로 제시되고 있지만 여전히 현대 문명은 화석연료에 절대적으로 의존하고 있다. 만약 어느 날 갑자기 전혀 예기치 않게 석유 공급이 끊어진다면 어떤 일들이 벌어질까? 이런 질문은 마치 공기가 없어지거나 물이 사라지면 어떻게 될 것 같으냐라는 질문처럼 들린다.

2022년 러시아－우크라이나 전쟁 발발로 인해 러시아에서 유럽으로 제공되는 천연가스 공급에 차질이 생기면서 유럽에서의 에너지난이 심화되고 있음을 목도하고 있다. 그나마 지금은 가격 상승 정도로 유지되는 상황이지만 석유나 가스의 공급이 완전히 끊기게 된다면 현대 문명은 한마디로 재앙에 직면하게 될 것이다.

이런 재앙은 정도 차이는 있겠지만 복잡한 무역과 금융 네트워크로 상호 연결되어 있는 선진국들 모두에게 똑같이 적용될 수 있다. 반면 자동차도 없고, 전기도 없이 예전의 생활 방식에 의지해서 살고 있는 아프리카 오지 원주민의 경우에는 석유값의 폭등이 그들의 삶에 큰 영향을 미치지 못할 것이다. 왜냐하면 그들의 생활 시스템이 석유에 의존하지 않기 때문이다. 거꾸로 말하자면 우리나라를 비롯한 산업사회는 이미 석유라는 에너지원에 의존하는 시스템이기 때문에, 석유의 유무가 곧 그 시스템이 정상적으로 작동하느냐 그렇지 못하느냐를 결정짓는 요소가 된 것이다.

그런데 다른 한편으로 생각해보면 석유나 석탄 같은 화석 연료의 사용은 오늘날 전 세계적인 환경 문제인 지구 온난화의 주요 원인으로 지목되고 있다. 이른바 현대 문명의 딜레마다. 산업 문명이라는 우리 시스템이 석유에 의존해 있는 반면에 석유의 사용은 지구라는 거대한 시스템에 문제를 일으켜 인간 문명 자체를 위협할 정도로 변화시키고 있다. 간단히 말해 석유가 없으면 죽음과도 같은 생활을 해야 할 것 같고, 반대로 석유를 계속해서 쓰자니 끔찍한 재앙으로 끝나버릴 것 같다. 그래서 많은 환경 운동가들이 석유 에너지의 사용을 자제하자고 주장하고 있는 것이다. 그래야만 파국을 조금이나마 지연시킬 수 있다고 믿기 때문이다. 그것은 석유를 대체할 수 있는 현실적인 기술이 나올 때까지 석유에 중독되어 있는 우리 문명을 좀 더 건강한 상태로 되돌리기 위한 최소한의 노력이다.

세계화에 대한 충격을 불러일으킨 책 『메이드 인 차이나 Made in China 없이 살기』는 저자 사라 본지오르니와 그 가족이 1년간 중국산 제품 사용을 거부하면서 겪게 되는 에피소드들을 보여주고 있다. 일상생활에서 중국산 제품 없이 살기가 그렇게 불편할진대 석유 없는 삶의 불편함이란 어떨까? 아마 상상을 초월할 것이다. 그러한 불편함은 일종의 금단현상이다. 한 시스템이 어느 한 요소에 의존해 있는 정도가 크면 클수록 그 요소가 없을 경우 오는 금단현상도 심할 수밖에 없다.

스타들과 약물중독

미국의 '레이싱 포 리커버리Racing For Recovery' 재단의 설립자 토드 크랜델은 열세 살 때부터 술을 마시기 시작해 마리화나, LSD, 코카인 등의 마약에까지 손을 대기 시작했다. 어머니와 삼촌이 약물 남용으로 목숨을 잃었음에도 불구하고, 그는 이미 약물 없이는 더 이상 버틸 수 없는 상태가 되어버렸다.

고등학교 때는 전도유망한 아이스하키 골키퍼로 활약했지만, 마약의 유혹을 이기지 못한 탓에 끊임없이 문제를 일으켜 결국에는 학교에서 퇴학당하게 됐다. 집에서도 쫓겨나 노숙 생활을 하면서도 그는 약물중독에서 벗어나지 못했다. 감옥에도 몇 번 들락거리던 그는 결국 만취 상태에서 운전을 하다가 경찰에 붙잡혔다. 몇 년을 방황하던 어느 날 자신의 처지를 깨닫고 약물의 손아귀에서 벗어나기 위해 피나는 노력을 하기 시작한 그는 그후 10년 만에 다시 아이스하키 스틱을 잡았다.

약물의 유혹이 끊임없이 그를 괴롭혔지만 힘들 때마다 이를 악물고 운동에 전념했다. 철인경기에 도전, 여러 차례 우승컵을 받기도 했으며 2001년 약물중독에 빠진 사람들을 돕는 레이싱 포 리커버리 재단을 설립했다. 다른 사람들이 자신과 같은 고통을 겪지 않도록 그는 지금도 활발하게 활동하고 있다. 하지만 아무리 노력한다고 해도 그가 약물 때문에 잃어버린 시간은 돌아오지 않는다. 아이스하키 선수로 활약할 수 있었던 기회도, 약물 때문에 잃은 어머니와 삼촌도 돌아올 수 없다.

약물중독은 현대 사회에서 큰 문제가 되고 있다. 미국과 같은 선진국에서는 이미 젊은이들 사이에 만연해 있는 문제가 된 지 오래고 최근에는 한국도 이 문제에서 자유롭지 못하다. 연예인이나 스포츠 스타의 약물중독에 의한 불상사는 심심치 않게 매스컴에서 회자되고 있다. 인기의 부침이 많고 그에 따라 일희일비해야 하는 직업의 특성 때문일 수도 있고 타 직업에 비해 비교적 젊은 나이에 경제적으로 풍요로움을 얻게 되어 스스로 추스를 수 있을 만큼 성숙하지 못한 상태에서 약물에 의지하는 빈도가 높을 것이라고 추측할 수도 있다. 또한 예술적 영감이나 극한의 체력을 필요로 하는 경우에도 약물에 대한 유혹이 타 직업에 비해 클 수 있다.

연예인, 재벌 2·3세, 조직폭력배 등 일부 특정 계층의 전유물로 여겼던 마약이 최근에는 10대 청소년들에게까지 광범위하게 퍼져 나가고 있다. 2021년에는 고등학생을 포함한 10대 마흔두 명이 집단적으로 합성아편계 마약 진통제인 펜타닐 패치를 불법으로 처방받아 투약·판매하다가 적발되기도 했다. 펜타닐의 경우 중독성이 모르핀의 200배, 헤로인의 100배 이상으로 알려져 있다.

미국질병통제센터 자료에 따르면 미국에서 펜타닐 남용에 따른 사망자가 2021년 한 해에만 7만 1238명으로 집계됐다. 단 한 번의 투약만으로도 인생을 망가트리고 결국 사망에까지 이르게 하는 마약. 이같이 개인과 사회에 큰 피해를 일으키는 약물중독은 대체 어디서 기인한 것일까?

중독은 약물에 대한 내성이 발생하는 것과는 반대의 원리라고 생각하면 된다. 우리 몸은 생리 과정의 항상성을 유지하기 위한 조절 네트워크를 가지고 있다. 그런데 오랫동안 일정한 자극을 반복해서 받는 경우 신체는 드디어 그 자극에 적응하게 된다. 이를 좋은 방향으로 사용하면 우리 몸은 어떤 특수한 기술이나 능력을 보유하게 되지만, 반대로 그것이 우리 몸에 나쁜 습관이거나 특히 특정 약물에 의한 자극일 경우 우리 몸의 생리 조절 네트워크가 정상적인 범위를 벗어난 상태를 오래 지속하게 됨으로써 새로운 자극에 적응하게 되는 것이다.

이는 마치 탄성 한계를 벗어난 용수철이 다시 제 모습을 회복하지 못하는 것과 같다. 즉 우리 몸은 정상적인 생리 상태를 유지하기 위한 항상성의 탄성계수를 가지고 있지만 외부에서 특정한 자극이 지속적이고 강력하게 가해지는 경우 항상성도 회복력을 상실하고 이제 지속적인 자극에 순응하는 새로운 모습으로 변형되는 것이다. 어느새 자극은 신체 네트워크의 일부가 되어 다른 인자들과 연결고리를 이루고 같이 살게 되는 셈이다.
예를 들자면 마약을 상습 투약함으로써 그 자극이 지속
되면 우리 몸은 그 자극을 기본적으로 포함하는 새로운
조건에서의 항상성을 구축하게 된다. 그리고 약물 복용
을 중지하게 되면 우리 몸의 생리 네트워크는 아주 중요
한 구성원이 빠진 것으로 인식해 그때부터 여러 가지 불
편함을 호소하기 시작하는 것이다.

　이같이 상습적으로 복용하는 약물이 우리 생리의
일부가 되는 현상을 약물중독이라고 하고 약물 복용을
중단함으로써 일어나는 신체의 반응을 금단현상이라
고 한다(그림 6). 석유에 중독된 현대 문명이 석유가 없

정상 생리 상태　　약물의 유입에 의해 변형된 생리 상태　　약물을 중단함으로써 발생하는 금단현상

[그림 6] 약물로 인해 변형되는 생체 네트워크
약물의 장기적 복용으로 변형된 생체 네트워크 구조는 약물이 제거된 경우에 금단현상
을 일으킬 수 있다.

을 때 불편함을 호소하는 것과 마찬가지인 셈이다. 더욱 무서운 것은 특정 약물에 의한 자극에 중독되었을 경우, 우리 몸은 내성 시스템을 통해 점점 더 강한 자극을 원하기도 한다는 것이다.

예컨대 별로 심하지 않은 두통에도 상습적으로 특정한 두통약을 복용할 경우, 두통의 원인을 치유하는 약물의 지속적인 자극에 우리 생리 시스템이 익숙해져 내성이 생기고, 처음에는 한두 알이면 사라지던 두통이 나중에는 아무리 먹어도 사라지지 않는 경우가 생긴다. 그러면 통증이 사라지기는커녕 더욱 강해져서 우리 몸에 더 강한 자극을 주는 약을 찾게 되는 것이다.

담배를 처음 필 때는 고약하기 짝이 없다. 그러나 일단 그 자극에 익숙해지기 시작하면 점점 더 많은 담배를, 그리고 점점 더 독한 담배를 원하게 되는 것도 마찬가지다. 마약은 일반적으로 강한 중독성과 그에 비례하는 금단현상을 동반한다. 멀쩡했던 사람이 마약에 중독되면 일상이 파괴되는 것은 물론 마약을 구하기 위해서라면 끔찍한 범죄도 서슴지 않게 되는 것도 중독이 갖고 있는 파괴적인 유혹 때문이다.

몸의 정상적인 생리 네트워크가 변형되는 것도 어렵지만 한 번 변형된 네트워크가 원래 상태로 돌아오기는 더 어렵다. 세상의 모든 현상이 한 가지 상태에서 다른 상태로 변화하기 위해서는 에너지의 산을 넘어야 한다. 같은 이유로 몸이 약물의 중독에서 벗어나 정상적인 생리 상태로 돌아오기 위해서는 금단현상이라는 고통의 시간이 반드시 수반된다. 그 과정은 매우 고통스럽고 극복하기 힘든 인내를 필요로 한다. 가장 좋은 방법은 중독되지 않는 것뿐이다. 무엇보다 약물에 대한 무지에서 얻은 중독은 선의의 피해자를 낳는다는 점에서 위험하다. 우리 몸은 탄성계수를 갖고 있는 용수철과 같다. 그 용수철을 우리의 무절제와 욕망에 의해 변형시킴으로써 탄성을 잃어버리고 늘어진 철사 줄로 만들지 말아야 한다.

7장

조합의약, 네트워크의 협력

네트워크 시스템 안에서의 문제 해결

네트워크의 특성은 그 구성 성분들이 결코 고립된 섬과 같지 않다는 데 있다. 따라서 한 부분에 문제가 생겼다는 것은 곧 그와 관련된 다른 부분에도 지속적인 부담을 준다는 것을 의미한다. 이러한 사정은 네트워크 내에서 발생한 어떤 문제를 해결하는 인식의 패러다임에도 영향을 미친다. 왜냐하면 어떤 부분에 문제가 생겼을 경우, 그 문제를 가능한 한 빠르고 또 전체 네트워크에 큰 부담을 주지 않고 해결하기 위해서는 문제가 생긴 부분만이 아니라 그 문제를 해결하는 데 도움이 될 수 있는 다른 부분들을 고려해야 하기 때문이다. 그리고 혹시나 문제 해결 과정에서 피해를 입게 될 수도 있는 부분들도 함께 생각해야 한다.

오늘날 사회에서 자유로운 경쟁이라는 이념은 중요한 사회적 이슈 중 하나다. 어떤 한 조직이 제 능력을 가장 효율적으로 발휘하기 위해서는 그 조직의 시스템을 이루는 각 하위 단위들이 서로 자유로운 경쟁을 통해 능력을 최대한 발휘하는 것이 좋다고 믿기 때문이다. 그런데 사회를 지배하는 원리와 관련해 경쟁에 관한 이야기가 나오면 늘 수반하는 문제가 있다. 평등이라는 가치가 그것이다. '2 대 8'이니 '사회적 양극화' 같은 말은 적절한 안전장치가 마련되어 있지 않은 상태에서 벌어지는 자유로운 경쟁은 결국 강자 독식 세상으로 이어질 거라는 우려를 담고 있다. 사회도 일종의 네트워크 시스템이라고 볼 때, 개인의 자유를 강조하면 평등의 가치가 훼손될 소지가 있고, 거꾸로 지나치게 평등을 강조하면 개인의 자유로운 활동을 침해할 수도 있다. 따라서 가장 좋은 해결책은 균형을 찾는 것이다.

네트워크 시스템 안에서 발생한 문제를 효과적으로 해결하기 위해서는 각 단위 요소들 간의 관계를 잘 아느냐 그렇지 못하느냐가 결정적인 역할을 하게 된다. 아주 간단한 예를 생각해보자. 오직 A, B, C, D라는 네 가지 구성 요소로 이루어진 네트워크 시스템이 있다고 가정하자. 그런데 B에 문제가 생겨서 시스템 전체가 제대로 작동하지 않는 사태가 발생했다. B의 문제를 해결하기 위해 시스템 전체에 모종의 자극을 주었더니 예상했던 대로 B는 정상적으로 작동했다. 그런데 B의 문제를 해결하기 위한 자극이 이번에는 C에 문제를 유발하는 바람에 전체 시스템에 새로운 문제가 생겨버린다. 이런 현상을 주변에서 찾는 일은 결코 어렵지 않다.

친구들 사이에서 좋은 관계를 유지하는 일도 일종의 네트워크와 관련되어 있다. 어떤 친구에게 갑자기 애정을 쏟으면, 그 친구와 불편한 관계에 있는 다른 친구와는 더 멀어지기 쉽기 때문이다. 물론 그 반대의 경우도 일반적이다. 앞선 예에서 B의 문제를 해결하기 위해 A나 D의 도움을 받을 수도 있기 때문이다. 즉 오로지 문제가 발생한 B에만 매달리는 것이 아니라 네트워크 전체를 고려해 문제를 해결해갈 수도 있는 것이다. 우리 몸에 문제가 생겼을 때도 마찬가지 관점에서 접근할 수 있다.

조합의약의 필요성

우리가 질병에 걸려서 약을 처방받으면 흔히 한 가지 이상의 약을 받는다. 심지어 어떤 때는 이 약들을 다 먹으면 배가 부르겠다는 생각이 들 정도다. 처방전을 보면 마치 고급 레스토랑 코스 요리의 메뉴처럼 복잡하고 알수도 없는 이름의 약들이 즐비하게 나열되어 있다. 그런 약들을 보면서 이런 생각이 든다. 이 많은 것들은 도대체 뭐고, 정말 이걸 다 먹어야 병이 낫는 것인가?

요즘은 의사나 약사가 각 약의 성분과 효능에 대해 환자에게 잘 설명해주도록 하는데, 설명을 듣는다 하더라도 일반인들은 잘 이해가 가지 않아 고개만 갸우뚱거리게 된다. 감기나 고혈압, 혹은 당뇨병과 같이 병명은 한 가지인데 왜 그토록 여러 가지 약을 복용해야 할까?

우선 고혈압 치료제의 경우를 보자. 여러 가지 약이 하나의 약봉지에 들어 있는 고혈압 치료제의 경우 혈압을 낮춘다는 목적을 이루기 위해 다양한 효능의 약물들이 상호 협조 체제를 갖추도록 조합되어 있다. 약 중에는 이뇨 기능을 하는 약이 포함되어 있는데 소변 양을 늘려서 체내의 물과 염분 양을 줄여주고 혈압 강하의 효과가 나도록 해주는 것이다. 또 다른 약은 교감신경차단제이다. 교감신경은 심장의 수축 횟수를 늘리거나 수축 강도를 강하게 하고 혈관을 수축시키는 일을 하는데 이를 억제함으로 혈압을 내리게 한다.

이와 함께 혈관확장제도 사용한다. 이 약물은 혈관을 넓혀줌으로써 혈압을 강하시키는 효과를 나타내는 것이다. 즉 같은 양의 물이 좁은 관을 지나면 수압이 높아지지만 넓은 관을 지나면 압력이 내려가는 것과 같은 원리다. 이같이 서로 작용이 다른 여러 약물을 조합해 사용함으로써 단일 약물을 사용할 때보다 더 좋은 약효를 기대할 수 있게 되는 것이다(그림 7).

한편 이와는 다른 관점에서 조합의약이 필요할 때

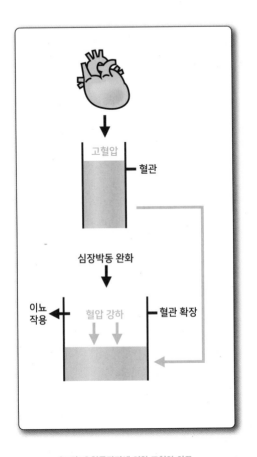

[그림 7] 협동작전에 의한 고혈압 치료

고혈압을 치료하기 위해 사용하는 약물은 심장박동 완화, 혈관 확장, 이뇨 작용을 통해
혈액의 압력을 다양한 경로로 낮춰준다.

도 있다. 예컨대 피부질환으로 약을 먹어야 하는데, 그 약이 피부질환을 낫게는 하지만 위나 장에 지나친 자극을 주어 새로운 문제를 야기할 수도 있기 때문이다. 따라서 그 경우에는 피부질환을 낫게 하는 약과 함께 위나 장을 보호해줄 수 있는 약도 함께 먹어야 할 것이다. 이와 관련한 재미있는 예를 유럽의 역사에서 발견할 수 있다.

과거 유럽의 중세시대 말에는 매독이 광범위하게 확산되어 사회적 문제가 된 적이 있었다. 질병의 원인을 제대로 밝히지 못하던 시절에 매독은 사람들에게 매우 치명적인 병이었다. 그래서 매독에 효과가 좋다는 약이 사람들 사이에 회자되었다. 하지만 그 약은 또 다른 문제를 낳았다. 주성분이 수은이었기 때문에 매독은 치료되었지만, 그 약을 과도하게 먹으면 수은중독에 걸리는 새로운 문제를 낳은 것이다.

이처럼 네트워크 내의 어떤 부분에서 발생한 문제를 해결하기 위해서는 문제 해결에 도움을 주는 다른 부분들의 협조를 받거나, 거꾸로 문제 해결 과정에서 피해를 입게 되는 다른 부분을 배려해주는 일이 필요하다.

그것이 바로 우리가 하나의 질병에 대해 여러 가지 약을 쓰는 이유다.

2006년 미국 애틀랜타에서 2만 5000명의 과학자들이 참가한 가운데 개최된 미국임상종양학회의 최대 이슈는 단연 다중표적 조합 항암제에 관한 것이었다. 화이자에서 개발한 수텐트 Sutent 는 2006년 1월 미국 FDA로부터 위장관기저종양환자와 진행성 신장암 치료에 대한 사용 허가를 받았다. 이 약물은 암세포의 영양 보급로인 혈관을 차단함과 동시에 암세포를 공격할 수 있는 효과를 가지고 있다. 이 밖에도 글락소 스미스클라인의 유방암 치료제 라파티닙 Lapatinib, 머크의 얼비툭스 Erbitux 등도 다중표적 항암제로 개발되었다.

2007년 5월 다나파버 암연구소 Dana-Farber Cancer Institute 의 연구진은 당뇨병 치료제인 아반디아 Avandia 가 시스플라틴 Cisplatin 과 같은 백금항암제와 병용 투여하면 암 억제 효과가 단독 투여할 때보다 세 배나 개선된다고 발표했다. 연구진들은 비소세포성 폐암 세포에 아반디아만 투여했을 때 암세포를 억제하는 효과를 볼 수 없었으나, 병용 투여하자 시너지 효과를 볼 수 있었다. 이러한 결과로 연구진은 암 치료 효능 개선뿐만 아니라 백금 항암제에 의한 부작용과 약물 내성 문제도 극복할 수 있을 것으로 기대하고 있다.

암은 그 원인이 매우 다양하고 복잡하며 치료제들도 다른 병에 비해 그 효과가 낮고 부작용이 심한 질병이다. 이러한 난치병 치료에 조합의약의 개발은 새로운 희망을 주고 있다. 이전에는 주로 임상 현장에서 여러 약물의 조합으로 치료 효과를 봄으로써 조합 또는 복합의약이 경험적으로 도출되는 경우가 많았다. 인체 내 상호 연결된 조절과 대사의 네트워크 회로를 보다 잘 이해할수록 이러한 조합의약은 더욱 합리적이고 예측 가능한 방식으로 도출될 가능성이 있다.

특히 최근에는 인간의 유전자 지도와 단백질 및 대사 네트워크에 대한 정보가 빠르게 축적되어 합리적 조합의약의 개발이 현실화되고 있으며, 질병을 시스템 차원에서 해석해 효율적 조합의약들을 개발하려는 바이오테크 기업과 제약회사들이 증가하고 있다. 복잡한 네트워크를 운영 시스템으로 하는 우리 몸에 합리적 네트워크 개념을 바탕으로 설계된 조합약물들의 개발 방향은

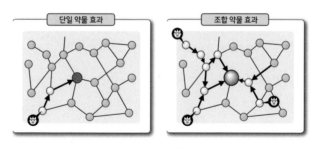

[그림 8] 다중표적 공격에 의한 시너지

단일 약물은 표적을 한 경로로만 공격하지만 약물을 조합하여 사용하면 여러 경로를
통해 최종 목표물을 공격함으로써 질병 치료에 시너지 효과를 얻을 수 있으며 쉽게 내
성을 일으키지 않는다.

어찌 보면 당연한 논리적 귀결일지 모른다(그림 8).

8장

양약과 한약, 환원주의와 전일주의

생명 현상에 대한 환원주의적 연구

세상을 보는 관점은 과학적인 사고와 관련해 크게 두 가
지가 경쟁해왔다. 첫 번째 관점은 그 관심의 대상을 잘
게 부수어 부분들의 정체성과 그 관계를 이해함으로써
부분의 합을 통해 전체를 이해하는 소위 환원주의[*] 접근
방법이다. 이에 반해 두 번째 관점은 부분의 디테일에

---

[*] 복잡한 물건이나 자연 현상을 구성 요소들로 단순화해 이해하는 접근 방
법이다.

집중하기보다는 그 대상 자체를 전체적인 관점에서 이해하는 전일주의* 관점이다. 이 두 관점의 차이는 인류사의 발전 과정 내내 변증법적 과정을 거치며 반복해왔으며 생명현상을 연구하는 데도 동일하게 적용되어 왔다.

근대 과학의 새로운 장을 연 뉴턴은 세상의 모든 현상을 간단하게 정리해 명쾌하게 분석함으로써 물리와 화학 분야에서 일어나는 많은 중요한 현상을 논리적으로 설명할 수 있는 길을 열어주었다. 그러나 뉴턴의 과학도 생명체를 설명하기에는 기술적 제약이 많았다. 특히 인체에 대해서는 실험이 불가능한 부분이 많았기 때문에 더욱 어려움을 겪을 수밖에 없었다. 이런 이유로 생명의 제반 현상은 20세기 전반부까지도 그 내부의 운용 원리를 알지 못한 채, 생명체들이 겉으로 나타내는 여러 현상이나 구조들을 관찰하고 이를 추측하는 수준에서 학문이 이루어져 왔다.

그러나 1953년 생물학자 왓슨과 크릭이 유전자의

---

* 주어진 대상이 이를 구성하는 부분들의 합으로 쉽게 설명될 수 없는 경우 전체가 부분들의 현상을 결정하며 따라서 주어진 대상을 전체로 이해해야 한다는 접근 방법이다.

DNA의 이중나선구조를 밝힌 왓슨과 크릭

화학적 실체인 DNA의 구조를 규명함으로써 생명체 연
구는 큰 변혁의 시대를 맞이한다. 소위 분자생물학*의
시대가 열린 것이다. 이는 이제 인간을 포함한 생명체들
의 제반 현상을 DNA를 중심으로 한 분자 수준에서 물
리화학적 이론을 적용해 설명할 수 있게 되었다는 것을

---

* 생명 현상을 생명체를 구성하는 분자들의 수준에서 이해하고자 하는 생물학
  의 연구 방법이다.

의미했다. 드디어 뉴턴의 과학이 생명체 연구에 접목되는 순간이었다. 이러한 기조는 20세기 후반 동안 이어졌으며, 그 짧은 시간에 생명에 대한 지식은 지난 수백 년간 쌓여온 것보다도 더 많이, 더 빠르게 축적되었다.

21세기에 접어들면서 생명과학은 혁명적 발전을 거쳐 첨단 과학의 선두로 나서기 시작했다. 그러나 대표적인 복잡계라 할 수 있는 생명 현상을 더욱 잘게 나누어 분석하는 일이 꼭 좋은 결과만을 가져왔다고는 볼 수 없다. 비록 국지적으로는 중요한 생명 현상들을 정확하게 기술할 수 있게 되었지만, 그렇게 나뉜 부분들을 다시 합치게 되었을 때는 생명 현상의 실제적 상황과는 크게 어긋나는 일들이 벌어지곤 했다.

무엇보다 환원주의를 방법론적 이념으로 삼는 분자생물학의 연구 기조는 개별 연구자들이 점점 더 전문적 영역에만 집중하도록 했으며, 결과적으로 생명과학자들 간에 상호 교류와 이해의 벽을 높게 만들었다. 그리고 그 결과 생명에 대한 지식이 더 많이 쌓이면 쌓일수록 생명 자체에 대한 전체적 이해는 더욱 어려워지는 아이러니를 낳고 말았다. 생명체에 대한 환원적 분석과 관련한 문제는 의약학 분야에서도 예외가 아니다. 현실적으로 당장 자신의 신체에서 어떤 불편함을 느낀 사람이 처음에 어느 과에 가서 어떤 전문의에게 진료를 받아야 하는지 고민스러운 경우가 많다.

도대체 의학적인 지식이 전혀 없는 사람이 어떻게 자신이 아픈 이유를 알고, 어디부터 어떻게 치료해야 하는지 알 수 있단 말인가? 대부분의 환자들은 아마도 병의 증세가 느껴지는 신체 부위와 관련된 병원을 먼저 찾게 될 것이다. 그러나 설사 해부학적으로는 맞게 치료를 시작하더라도 어려움은 거기서도 기다리고 있다.

암에 걸린 동료 중 한 사람은 스스로 여덟 가지 이상의 전문 분과를 돌아다니면서 부분 부분에 대한 치료와 진단을 받았다고 한다. 물론 질병에 따라 코면 코, 간이면 간, 뇌면 뇌, 이렇게 한 조직이나 장기에 증상이 국한되는 경우도 있다. 하지만 인체의 모든 장기와 대사가 상호 밀접하게 연결되어 있다는 사실을 분명하게 안다면, 병이라는 것이 하나의 기관에만 국한되어 있다는 생각은 질병의 원인과 결과를 너무 단순하게 보는 것이 아닐까?

우리 몸속 생리 조절 과정의 복잡성과 환자의 입장을 생각한다면 질병을 생리 시스템의 종류에 따라 나누는 방안도 생각해볼 만하다. 즉 안과, 이비인후과, 내과, 외과 등 해부학적으로 질병을 나누기보다는 증상에 따라 면역, 암, 대사, 순환기질환 등으로 나누어 환자가 복합적인 진료와 진단을 받는게 더 현실적일 수 있는 것이다.

또 다른 대안으로 질병을 분자생물학적 원인에 따라서 분류하는 것도 가능하다. 예컨대 한 가지 유전자의 변형은 다양한 조직에서 암으로 나타날 수 있는데 이러한 경우 변형된 유전자를 치료할 수 있는 약물의 처방은 다양한 암에 공통적으로 유효할 수 있다. 결국 질병을 그 분자적 원인에 따라 분류해 치료하면 더 효과적인 결과를 얻을 수도 있겠다는 생각이 든다. 다행히 최근에는 각 질환에 대한 전문병원 및 연구기관들이 설립되어 여러 분과의 전문가들이 영역을 합쳐 치료하고 연구하는 추세가 증가하고 있다.

양방과 한방의 처방

생명과학은 그동안 환원주의적 접근에 박차를 가해 현대 과학사에 빛나는 성과를 이루어왔다. 하지만 환원주의적 연구의 극치를 맞은 21세기에 들어서면서 생명체의 움직임 전체를 이해하는 데 한계가 있음을 깨닫고 전일주의적 연구 방법론을 적극적으로 도입하고 있다. 다양한 혁신적 기술의 개발로 그동안 이루어지고 있던 유전자와 단백질, 대사물질들에 대한 개별 연구가 유전체, 단백체, 대사체 전체의 변화를 분석할 수 있게 됨으로써 생명 현상을 좀 더 전체적 관점에서 바라볼 수 있게 된 것이다.

우리나라는 완전히 다른 관점에 근거한 의료체계인 '양방'과 '한방'이라는 두 가지 치료 방법을 공식적으로 인정하고 있는 국가다. 감기에 걸려 내과를 찾는다면 의사는 콧물·코막힘 등의 증상을 완화하기 위한 항히스타민제를, 두통·몸살·발열을 치료하기 위한 아스피린을, 그리고 그밖의 증상에 따라 근육이완제, 항생제 등을 처방한다.

그러나 같은 증세로 한의원을 찾게 되면 콧물·코막힘에 대해서는 소청룡탕·마행감석탕·갈근탕가천궁신이·배농산급탕·탁리소독음·백호가인삼탕 등을, 두통·몸살·발열에는 갈근탕·소시호탕·백호가인삼탕 등을, 그리고 인후통에는 은교산·길경석고탕·소시호탕가길경석고·소시호탕·배농산급탕·탁리소독음 등을 처방받는다.

이번에는 모두들 흔하게 가지고 있는 소화기 질환에 대한 처방을 비교해보자. 내과에서는 속쓰림·소화불량을 위해 위산분비차단제로 라미티딘·시메티딘 등과 위산중화제로 알칼리성 금속류 알루미늄과 마그네슘을, 위장보호제로 테마제팜·서크랄페이트·스코폴리아·멘톨 등을, 자각증상개선제로 돔페리돈·메토도프라마이드·시메티콘·판크에아틴·브로메린·다이메티콘·셀루레이즈·유디씨에이 등을 처방한다.

이에 반해 한의원에서는 속쓰림·소화불량의 경우에는 반하사심탕·향사평위산·안중산 등을 처방한다. 양방과 한방에서 처방하는 약 모두 일반인들에게는 알아듣기 어려운 용어들이고 전문인이 아니고서야 기억할 필요도 없지만 양방과 한방 간의 처방이 매우 다르다는 걸 느낄 수는 있을 것이다.

그러나 양방이든 한방이든 궁극적으로 환자에게 투여되는 형태는 한 가지 순수한 약물이 아니고 여러 가지 약리 작용을 나타내는 물질들의 조합이다. 두 처방 간에 명백하게 다른 점이 있다면 양방은 처방의 각종 구성 성분들이 대부분 한 가지 순수물질로 되어 있으며 따라서 약리 효과도 한 가지 화학 성분에 의해 유발된다. 그러나 한방의 성분은 그 자체가 생약제제이거나 여러 생약제제의 복합체인 경우가 대부분이라 처방의 구성 성분들은 양방처럼 한 가지 순수물질에 의해 약리 작용을 나타내지 않으며 약물 재료 속에 함유되어 있는 생리활성 물질들의 혼합물이다. 많은 경우 그 혼합물질의 화학적 구성이 너무 복잡해 어떤 성분이 기대하는 약리 작용을 보였는지를 분석하는 것이 기술적으로 매우 힘들다. 또 경우에 따라 각 처방이 나타내는 약효는 함유되어 있는 다양한 물질들의 상호작용에 의한 효과일 수도 있다.

사실 양방의 많은 약물 재료들도 처음에는 동식물에서 분리·정제한 자연의 산물인 경우가 많다. 현

1897년 바이엘사의 화학자 펠리스 호프가 개발한 아스피린. 초기 아스피린은 가루 약 형태로 시판되었다.

대 약의 대명사처럼 인식되는 해열진통제 아스피린은 1897년 바이엘사의 화학자인 펠리스 호프만이 순수물 질을 화학적으로 합성해 만들었으나 그 기원은 의학의 아버지로 불리는 그리스의 의사 히포크라테스가 버드나 무의 나무껍질을 진통·해열에, 잎은 분만의 고통을 완화 하는 데 사용했던 것으로부터 비롯되었다.

버드나무 껍질 추출물은 기원전부터 진통·해열제로 이용되고 있었다. 만약 버드나무 껍질 추출물을 그대로 환자에게 사용해왔다면 그것은 한방의 범주에 속한다고 할 수 있지만, 이로부터 아스피린을 순수 분리하든지 아니면 화학적으로 합성해 그 순수물질만을 약으로 사용한다면 이는 양방의 처방 방식이 되는 것이다. 따라서 양방의 장점은 약물의 소재가 순수물질이라 체내에서의 약물 동태를 분석하는 데 있어 논리적 해석이 가능하며 비교적 약리 효과가 명확하다는 것이다.

그러나 이것은 또한 양방의 단점을 제공하는 원인이기도 해 효과가 강력한 만큼 부작용도 많이 나타날 수 있다. 이에 비해 수많은 물질이 중탕으로 섞여 있는 한방은 그 약효를 성분들의 구성이나 양에 따라 설명하는 것이 거의 불가능하고, 많은 경우 그 효과를 보려면 오랜 기간 투여해야 하는 경우가 많다. 하지만 약리 작용이 순하여 부작용이 적다 보니, 일반적으로 한방은 부작용이 없다는 믿음을 주기도 한다. 그러나 많은 한방 물질이 장기적으로 체내에 유입되는 경우 이를 체외로 배출하는 과정에서 간이나 신장에 무리를 줄 수도 있음을 유의해야 한다. 게다가 한방의 처방이 이렇듯 복잡한 성분으로 구성되어 있다 보니 현대과학이라고 하더라도 효능을 과학적으로 설명하는 것이 매우 어렵거나 거의 불가능하기도 한 경우가 많아 한방의 과학화에 큰 걸림 돌이 되고 있다.

양방과 한방의 치료 관점 차이

우선 양방 약물들의 개발 근거를 생각해보자. 현대 서양 과학의 논리적 근거는 환원주의다. 즉 사물의 현상을 작은 단위로 나누고 해부해 논리적으로 설명한다. 이는 데카르트 이후 거의 모든 학문 분야에서 적용되고 있는 접근 방법이다.

생명 현상도 예외는 아니다. 서양 과학은 병의 근원적인 문제를 단순화하고 국소화하는 대신 아주 높은 해상도로 접근해 그 문제를 논리적으로 해석하고자 한다. 질병 역시 환원주의적 접근 방법을 적용해 증상을 직접적으로 치유하는 단일 약물의 개발을 목표로 삼는다. 따라서 서양 과학에 근거한 약물들은 가능한 한 하나의 특정한 타깃에 작용해 원하는 한 가지 효능을 발휘하도록 개발되었다(물론 신체의 복잡한 네트워크로 인해 이것이 불

가능하다는 것은 앞서 설명했고, 그런 탓에 최근에는 전일주
의적 관점을 도입하기도 한다).

따라서 대부분 양약은 개발 시점에서 대체로 순수
한 한 가지 물질로만 구성한다(물론 처음부터 여러 단일
성분을 혼합한 복합 약으로 개발되는 경우도 있다). 이에 비
해 한방의 약물들은 무슨 무슨 탕이라는 이름에서 알 수
있듯 여러 성분들을 비율에 맞추어 섞은 뒤 중탕해 복용
한다. 그리고 처방에 들어가는 성분들조차도 단일물질
이 아닌 각종 동식물에 기원을 둔 물질들이다.

예를 들어 비염 치료에 사용되는 소청룡탕의 경우
를 보자. 이 약은 후한 말기 중국 장사長沙의 태수 장
중경이 쓴 의학서 『상한론傷寒論』에 나온 약으로 무려
2000여 년 동안 사용하고 있는 처방이다. 소청룡탕에는
마황·계지·오미자·건강·세신·반하·작약·감초 등 여덟
가지의 약초가 섞여 있다. 따라서 이러한 약재들을 섞어
오랫동안 중탕을 하게 되면 각 약초들로부터 추출되는
수천, 수만 가지의 물질이 섞여 그 효능이 한두 가지의
유효 성분에 의한 것인지 아니면 여러 성분들의 복합적
인 효과인지 알기 어렵다.

그동안 수많은 과학자가 한약재나 처방에서 유효한 약물 성분들을 분리하려고 노력해왔다. 그 결과 일부이 기는 하지만 한방 재료에서 유효 성분을 정제하거나 확인하는 데 성공해 양약으로 활용된 예들이 있다. 앞서 이야기한 소청룡탕의 성분인 마황으로부터는 에페드린 ephedrine 이라는 자율신경 자극 물질이 들어 있음을 확인한 바 있다. 그러나 많은 경우 약재의 추출물을 분리·정제하는 과정을 통하면 약효도 같이 사라지거나 약화 되는 결과를 낳고 만다.

다시 말해 한약은 하나의 성분보다 수많은 성분이 복합적으로 상호작용해 원하는 약효를 나타내는 경우가 많아, 이들을 따로 분리하면 원래의 효능을 상실하기도 한다. 약물의 구성 성분이 워낙 많아 분자 수준의 논리 로는 도저히 약효를 예상하거나 분석할 수 없다. 그러기 에 한약의 처방은 오랜 기간의 시행착오를 통해 구축되 고 이를 통해 약효를 보았거나 안전함이 역사적으로 검 증되어 살아남은 산물들인 것이다.

따라서 양약이 질병에 대한 원인을 가능한 한 구체 적으로 나누어 분석해 그 원인을 제거하거나 완화하는

소청룡탕의 성분 가운데 하나인 마황

효능이 있는 순수물질을 개발하는 방법으로 발전되었다면, 한약은 수많은 물질들의 복잡한 상호작용을 통해 질병에 치료 효과를 나타내는 일종의 시스템적 개념이 적용된 약물이라고 할 수 있다(그림 9).

다시 말해 양약은 각 효능을 나타내는 단일물질을 조합해 환자에게 적용하며 치료 효과를 극대화하는 전략을 구사하는 반면 한약의 경우는 여러 혼합물질을 사용해 환자의 전체적 균형을 보완함으로써 치료 효과를 얻고자 한다.

	성분	성분	방식
양약	단일물질	조합	질환에 집중
한약	혼합물질	조합	전체적 균형에 집중

[그림 9] 양약과 한약

양약은 각 효능을 나타내는 단일물질을 조합해 환자에게 적용하며 치료 효과를 극대화하는 전략을 구사하는 반면, 한약의 경우는 여러 혼합물질을 사용해 환자의 전체적 균형을 보완함으로써 치료 효과를 얻고자 한다.

그렇다면 임상에서는 어떨까? 앞서 설명했듯 양약도 임상에서 약을 처방할 때는 분석적이고 환원적 방법에 의해 개발된 순수 성분의 약물을 다시 조합하여 처방하는 경우가 흔하다. 이러한 개념은 정도만 다를 뿐 한약의 처방 개념과 그 맥락이 다르지 않다고 볼 수 있다. 다시 말해 병리현상을 잘게 나누어 연구하고 개발한 약물들을 다시 합쳐 시스템적 요법으로 치료 효과를 보고자 하는 것이다.

한방과의 여전한 차이라면 양방 처방은 질병 자체

의 현상에 집중해 그 증상을 완화하거나 제거하려 하지만 한방은 그 질병 자체에 집중하기보다는 질환이 발생한 환경을 고려해 환자의 체질을 개선함으로써 신체의 자연 치유 능력을 활용하는 방향으로 처방한다는 점이다. 따라서 양방의 효력은 신속하고 명확하게 나타날 수 있겠지만 약물의 효과가 질환에 집중됨으로써 사람에 따라 부작용이 수반될 수 있는 단점이 있다.

이에 반해 한방은 몸 전체에 작용해 치료 효과를 보려고 하므로 약물의 효과가 즉시 나타나지 않을 수가 있고 때론 장기적인 치료가 필요하다. 그러나 부작용에 대한 우려가 양방에 비해 비교적 적을 수 있다.

결론적으로 양약과 한약은 약물의 개발과 임상 적용에 있어서 기본적인 개념 차이를 보인다. 그런데 최근 서양의 약물들은 개인의 유전학적, 병리적, 환경적 차이를 고려한 소위 '맞춤의약'이라는 개념으로 급격히 진화하고 있다. 이것은 마치 한방에서 환자의 체질에 따라 같은 질환에도 다른 처방을 적용하는 것을 연상케 한다. 또 오랫동안 사용되어 오던 한방의 재료들로부터 새로운 약물이 분리·정제되어 서양 의약에서도 신약을 발굴하기 위한 하나의 재원으로 사용되고 있다. 이렇게 서로 다른 이론적 배경에서 진화해온 양방과 한방, 혹은 환원주의와 전일주의라는 두 패러다임이 그 반대의 치료 영역으로 확장되면서 현대 의학은 발전하고 있다.

9장

나에게 꼭 맞는 맞춤약은?

맞춤치료의 등장

약이라는 물질은 한편으로는 생명과학을 비롯한 모든
첨단 과학이 총동원되어 개발된 과학의 산물이지만, 다
른 한편으로는 과학적 근거는 미약하지만 온갖 그럴 듯
한 논리로 만병통치·불로장생의 효능을 과장해 사람들
을 현혹하는 상품으로 다가오기도 한다. 뉴스에서 약이
나 건강 식품들에 대한 과장된 선전과 오남용으로 인한
사건들을 심심치 않게 보지만 여전히 사람들은 비슷한

유혹에 휘말린다. 과연 우리 모두가 바라는 만병통치약은 존재할까?

약을 개발하는 과정이 최첨단의 종합 과학인 것에 비해, 약을 사용하고 받아들이는 현장에서는 아이러니하게도 매우 비과학적인 상황들이 벌어진다. 약을 사서 포장에 쓰여 있는 용법을 보면 흔히 1회 성인 2정·아동 1정, 혹은 하루 3회 식전·식후와 같은 식으로 기술되어 있다. 이는 약을 투여할 때 그 양을 환자들의 개별적 차이를 고려하지 않은 채 환자의 평균 체중을 근거로 처방하고 있다는 뜻이다.

물론 체중이 약을 투여하는 데 가장 중요한 기준이 되는 것은 사실이다. 그러나 개인마다 유전적으로나 환경적으로 엄연히 서로 다른 배경을 갖고 있으며 각자의 식생활도 다르다. 그런데 이런 차이에도 불구하고 인간을 성인과 아동 두 종류로 구분해 약의 용량을 정하는 것은 어딘지 부정확해 보인다. 이 얼마나 단순한 논리인가? 새로운 치료제 하나를 개발하는 데는 첨단 과학기술들을 총동원하면서 그렇게 개발한 약물을 사용할 때는 오로지 성인과 아동으로만 구분하고 있다는 사실이 모순적으로 느껴진다. 하지만 드디어 이러한 이상한 상황에 변화가 일어나고 있다. 바로 '맞춤치료'의 등장이다.

맞춤치료란 같은 질병이라도 환자 개개인의 상황에 따라 치료 전략을 달리하는 것이다. 항암제의 경우를 생각해보자. 지금까지의 약물들은 암의 근원적인 문제에 초점을 맞추기보다는 암세포를 비특이적으로 살상하는 방향으로 개발되어왔다. 이런 약들은 암의 원인이 무엇이든, 환자가 어떤 특성을 가지고 있든 상관없이 세포를 죽이는 효과가 있다. 단지 암세포가 정상세포보다 조금 빨리 성장하니 약물에 좀 더 빨리 반응해 죽어주기를 바랄 뿐이다.

이런 이유로 항암제를 투여받은 환자들은 정상적인 세포에도 치명적인 손상을 입는다. 항암 화학요법제를 투여받은 환자들이 탈모와 구토, 빈혈, 면역력 감퇴 등으로 고통받는 이유다. 실제로 항암제의 부작용을 견디지 못해 항암 치료를 받지 못하는 경우도 허다하다.

이와 달리 맞춤의학적으로 암에 접근하면 같은 암이라도 개인에 따라 다른 병리적 원인을 분석해내고 각자의 원인에 맞는 다른 처방을 내릴 수 있다. 그러면 비특이적 세포 독성을 나타내는 약물로 인한 부작용도 덜 일어나고 환자 개인에 따른 최적의 치료 방법을 모색할 수 있다. 즉 원인에 관계없이 증상을 해결하려는 '대증' 요법이 아니라, 근거를 바탕으로 원인에 접근해 치료하는 '근거' 치료 방식인 셈이다.

꼭 유전자를 거론하지 않아도 개인 간에는 현격한 차이가 있다. 그럼에도 왜 우리는 그토록 오랫동안 체중에 근거한 약물 투약을 시행해왔을까? 그것은 개인차가 있다는 사실을 몰랐다기보다 그동안 우리를 구성하는 유전적인 배경에 대한 정보가 충분하지 않아 달리 이 문제를 해결할 방법이 없었기 때문이다.

임상 현장에서는 대개 환자들에게 가장 일반적으로 적용될 수 있는 처방을 먼저 하고 그 처방이 잘 듣지 않으면 그다음, 그래도 안 되면 또 다음 선택으로 넘어가면서 각 환자에게 적절한 처방을 찾아 나간다. 그러는 동안 환자는 의사의 실력을 의심하기도 하고 약효가 없음에 실망하기도 하며 부작용에 시달리기도 한다. 이 같은 시행착오는 치료비와 치료 기간을 늘어나게 하고 환자들은 병을 고쳐줄 의사를 찾아 이 병원 저 병원으로 전전한다.

유전자 0.1퍼센트의 나비효과

21세기가 열리면서 과학자들은 숙원이던 인간의 유전자 지도를 완성했다. 아직까지는 개개인의 유전자 지도를 주민등록증처럼 보유하고 있지 못하지만 조만간 우리 모두의 유전자 정보를 주민등록증과 함께 보관할 수 있는 때가 올 것이다. 인간 유전자 지도를 완성한 미국 셀레라지노믹스Celera Genomics 사의 크레익 벤터는 돈만 주면 고객의 유전자 지도를 만들어주는 상업적 서비스를 이미 선언한 바 있다. 이는 곧 개인의 유전자 정보를 바탕으로 질병의 예방과 치료에 맞춤형으로 접근할 수 있는 시기가 매우 가까이 와 있음을 의미한다.

사람마다 생김새가 다르듯이 약물에 대한 반응도 개인마다 다르다. 인간은 약 30억 쌍의 염기서열로 구성된 DNA를 가지고 있으며 그 서열 중 99.9퍼센트는 동일하다. 약 0.1퍼센트의 차이로 그토록 큰 개인차가 나타 나는 것이다. 따라서 DNA 염기서열 0.1퍼센트의 비밀을 풀게 되면 각 개인이 특별히 조심해야 할 질병의 종류를 알아낼 수도 있고 질병이 발병하기 전에 이를 예측하고 개인의 특성에 맞게 약을 처방할 수도 있다. 과학자들은 이러한 맞춤치료의 시대가 머지않아 현실화될 것이라고 보고 있다.

이런 이야기를 듣다 보면 누군가는 '유전자 0.1퍼센트의 차이가 우리를 이렇게 서로 다르게 한다니 정말일까?' 하는 의구심이 들기도 할 것이다. 하지만 인간과 침팬지의 유전자 염기서열은 약 1퍼센트 정도밖에 차이가 나지 않는다. 그러나 인간과 침팬지는 결코 넘을 수 없는 벽을 가지고 있는 다른 종이다. 그만큼 인간과 침팬지의 차이는 명백하다. 심지어 파리와 인간 사이에도 유전자 차이가 생각보다 그리 크지 않은 것을 발견하곤 많은 과학자들이 당혹스러워 하고 있다. 그렇다면 이 작은 유전자 서열의 차이가 어떻게 그렇게 큰 종 간의 차이로, 그리고 같은 인간들 사이의 차이로 나타날 수 있는 것일까?

우리 몸을 네트워크로 보는 관점에서 다시 이 질문을 조명해보자. '나비효과'에 대해 들어보았을 것이다. 나비효과란 중국 북경에서 나비가 날갯짓을 하면 그 바람이 증폭되어 미국 뉴욕을 강타하는 허리케인과 같은 엄청난 결과를 가져온다는 이론이다. 이는 혼돈이론chaos theory*에서 초기의 미세한 차이가 시간이 지날수록 증폭되어 완전히 다른 결과를 만드는 현상을 과장해서 표현한 것이다.

신체는 구성 성분 간의 상호 대화로 항상성을 유지하고 있다. 복잡계의 하나인 생명 네트워크에서도 나비효과는 나타날 수 있다. 즉 사소한 자극이 몸의 네트워크를 통해 전파되면서 큰 파장을 일으킬 수 있는 것이다. 예를 들어 성장 초기에 발생하는 아주 적은 양의 성호르몬은 사춘기를 지난 아이들을 남성과 여성이라는 현격히 다른 상태로 분화시킨다. 하나의 수정란 세포는 작은 신호 차이에 의해 발생 과정에서 완전히 구분되는 여러 가지 조직과 장기로 분화된다. 우리 몸의 손톱과 머리카락, 눈은 그 형태만 비교해본다면 동일한 유전자에서, 그리고 동일한 세포에서 서로 다르게 분화된 것이다.

---

* 전체의 행동이나 현상이 초기의 조건에 매우 민감하여 시스템의 반응이 선형적 계산으로는 예측하기 어려운 경우로 나비효과를 나타내는 각종 시스템을 표현한다.

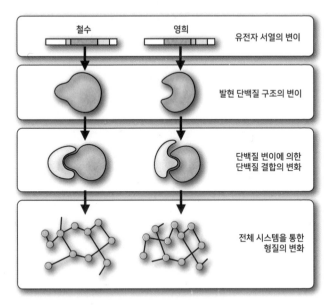

철수	영희	유전자 서열의 변이
		발현 단백질 구조의 변이
		단백질 변이에 의한 단백질 결합의 변화
		전체 시스템을 통한 형질의 변화

[그림 10] 유전자 변이에 의한 형질의 변화

유전자 염기서열의 작은 차이는 유전자가 발현하는 단백질에 구조적 변화를 유발하고 이는 다시 그 단백질의 활성이나 분자 결합에 영향을 준다. 이것이 전체 시스템에 변화를 일으킴으로써 개인 간의 형질 차이로 표현된다.

이같이 개인들 간의 미세한 유전자 서열의 차이는 그들의 단백질 차이를 통해 발현된다. 이들 단백질의 발현으로 인한 기능상 차이는 다시 그들이 구성하는 신체 네트워크 내에서 만나는 파트너들을 통해 더욱 증폭된다. 작은 유전자 차이로 인한 단백질의 변이가 세포의 네트워크 내에서 원래 정상적으로 만나야 하는 제 짝과의 만남을 방해하거나, 혹은 만나서는 안 될 다른 짝을 만나게 한다면 몸의 정상 네트워크에 손상이 일어나고, 이로 인해 다시 주변의 네트워크가 무너지는 더 큰 파장으로 이어져 결국 그 형질에 큰 변화를 주는 것이다(그림 10). 이것이 질병으로, 혹은 개인 간의 형질 차이로 나타난다. 따라서 개인 간의 형질 차이가 반드시 유전자상의 큰 차이를 필요로 하는 것은 아니다.

새로운 신약 개발의 패러다임

크든 작든 개인 간의 차이는 근본적으로 유전자의 차이에서 비롯되므로, 특정 질병을 유발하는 데 관여하는 유전자를 찾는 것은 병의 원인을 이해하는 데 가장 중요한 시작이 된다. 질병 관련 유전자를 찾고자 할 때 가장 일반적인 접근 방법은 가족력이 있는 환자의 가계도를 살펴보는 것이다. 가족 구성원들의 DNA 연관성linkage 을 찾아 올라가면 질병을 유발하는 유전자의 유전체(게놈)

상 위치를 대략 파악할 수 있다.

지금까지 가계도를 토대로 한 연관 분석을 통해 상당수의 질병 관련 유전자가 규명되었다. 가족성 유방암을 유발하는 유전자인 BRCA1과 BRCA2가 대표적인 예다. 이러한 방법은 질병이 한두 개의 중요한 유전자에 의해 결정되는 경우에는 성공할 가능성이 높다. 그러나 불행히도 우리 주변에서 흔히 접할 수 있는 난치성 질환인 암, 치매, 당뇨, 고혈압 등은 여러 개의 유전자가 매우 복합적으로 상호작용을 하면서 발병에 관여한다. 즉 유전자의 작은 변이들이 서로 연관되어 있는 주변의 네트워크를 변형시키거나 파괴하면서 병을 유발하는 것이다.

이처럼 여러 작은 요인의 복합적 네트워크에 의해 발생하는 질환을 복합질환complex disease 이라 부르는데, 이런 경우에 관여하는 유전자들을 발굴하기 위해서는 훨씬 광범위한 수준의 유전자 변이에 대한 데이터 분석이 필요하다. 또 유전자의 변이는 질병의 원인에도 관여하지만 약물에 대한 반응에도 개인 간 차이를 유발한다. 마치 어떤 사람은 술 한 잔에도 취하지만 어떤 사람은 밤새도록 마셔도 취하지 않는 것과 같은 원리다.

예를 들어 CETP 유전자의 변이는 콜레스테롤 저하제인 스타틴에 대한 반응성을 결정하며, TPMP 유전자의 변이는 티오퓨린 계열의 약물에 대한 부작용과 관계가 있다. 이같이 약물 반응에 관한 유전 형질의 상관관계를 연구하는 학문을 약리유전체학pharmacogenomics 이라고 부른다. 이러한 연구는 개인별로 유전자의 특성을 고려해 약물의 효능을 극대화하고 부작용을 최소화해 개인에게 꼭 맞는 약물 치료를 모색할 수 있도록 도와준다.

현재의 방법으로 하나의 신약을 개발하려면 수많은 동물 실험과 임상 시험을 거쳐 안정성과 효능을 확인해야 한다. 허나 실제 병에 적용할 때는 개인의 특성 차이를 무시한 채 모든 환자에게 거의 똑같이 사용된다. 이런 방식의 신약 개발과 임상 적용 패턴은 거대 제약회사에 매우 유리한 점으로 작용했다. 각종 첨단 기술이 투입되는 약물 개발 과정과 실패 확률이 높은 임상 시험을 거치려면 막대한 연구자금이 필요하며, 이러한 비용과 위험성을 감당할 수 있는 곳은 오직 다국적 제약회사 같은 거대 회사들 뿐이기 때문이다.

따라서 한 번 개발한 약물은 전 세계 인종 및 개인 차이와 상관없이 모두에게 적용될 수 있어서 판매량이 많아야 투자 비용을 회수할 수 있는 것이다. 그런데 개인 맞춤약 시대에는 게놈 분석에 의해 각 환자의 체질에 맞는 신약을 개발·조제하고 치료에 이용하게 된다. 즉 질병과 관련된 유전자의 데이터베이스를 구축하고 환자의 유전적 특성을 검사한 뒤 거기에 맞는 약을 소량 생산해 적용하는 것이다. 따라서 이러한 맞춤의약과 치료법의 등장은 제약시장에 큰 변화를 일으키게 될 것으로 보인다. 소품종의 약물을 대량 생산하는 시대에서 다품종의 약물을 소량 생산하는 시대로 변하는 것이다.

　　이런 변화는 블록버스터에 의존하는 기존 거대 제약업체들에 커다란 도전이 될 것이다. 그들은 대형 컴퓨터 생산으로 컴퓨터 시장을 독점하고 있던 IBM이 개인용 컴퓨터의 등장으로 위축되었던 사례가 제약업계에서도 일어날 수 있음을 의미한다. 특히 개인의 유전적·환경적 특성에 맞춘 약물 적용이 일상화된다면 어떤 질병이라도 한 가지 약물로만 치료하는 경우는 없을 것이며, 인종적·국가적·환경적 상황에 따라 다른 약물이 적용될 가능성이 많다.

　이와 같은 상황에서는 지금까지 다국적 제약기업들이 추구해온 만병통치형one for all 약물보다는, 현지 사람들에 대한 유전적·환경적 정보를 바탕으로 그들에게 최적화해 개발되는 약물이 더 경쟁력을 가질 것으로 기대된다. 아직도 글로벌 기준에서는 중소기업형이 주축을 이루고 있는 국내 제약 산업계로서는 이러한 움직임이 매우 고무적일 수 있다. 지금부터라도 새로운 경향을 이용해 혁신적인 신약 개발에 적극적으로 나선다면 이 방면에 있어서 독자 개발 능력을 지닌 제약 산업의 기술 강국으로 발돋움할 수 있을 것이다. 인간 유전자 지도의 완성이라는 사건이 기존 제약업계의 판도에 큰 변화를 일으키고 있다. 제약업계에 '나비효과'가 현실로 다가오고 있는 것이다.

10장

네트워크 속에 숨은 진주들

기적의 항암제 글리벡의 개발

모든 약들은 몸에 들어와 목표로 한 타깃에 결합해 병의 치료를 돕는다. 약물의 타깃으로는 세포 내의 여러 가지 물질이 있겠지만 유전자가 발현하는 단백질이 주종을 이룬다. 그중에서도 여러 대사를 관장하는 효소라든지, 외부 자극을 감지하는 세포막의 수용체, 그리고 세포막에서 물질의 이동을 관장하는 각종 채널들을 이루는 단백질이 대부분을 이룬다.

인간의 유전체는 2만여 개의 단백질을 발현하는 유전자로 구성되어 있는 것으로 밝혀졌다. 다시 말해 이들 단백질이 상황에 따라 다른 조합으로 발현되어 세포마다 서로 다른 상보적 기능을 발휘함으로써 우리가 균형 있게 살아가는 것이다. 만약 이들 단백질의 기능이 잘못되는 경우 몸에 이상이 일어나며, 우리 몸의 네트워크가 그러한 문제를 스스로의 힘으로 교정하지 못할 경우 질병에 걸리게 되는 것이다.

따라서 인간이 발현하는 다양한 기능의 단백질들은 적어도 이론적으로는 어떤 종류든 질병을 일으키는 원인이 될 수 있고, 이에 따라 약물의 작용 대상이 될 수도 있다. 그렇다면 현재 이 세상에 존재하는 모든 약들은 우리 몸의 얼마나 많은 타깃들을 활용하고 있을까? 그리고 약물의 타깃들은 어떻게 발굴되는 것일까?

현재까지 임상적으로 사용되고 있는 약물들이 작용하는 우리 몸의 타깃은 겨우 600여 개 정도로 알려져 있다. 그중 단백질만을 고려한다면 더 적은 수다. 이것은 약물 개발에 전체 인간 단백질의 3퍼센트 정도밖에 활용하고 있지 않다는 것을 의미한다. 달리 표현하면 수많은 약물들이 병원이나 약국에서 환자에게 사용되고 있지만 약물 대부분은 극소수의 타깃을 겨냥하고 있으며 이 타깃들에 집중적으로 약물 개발이 편중됨에 따라 약의 내성 문제가 발생하고 있다.

또 기존 타깃에 의해 치료되지 않는 질병들은 치료를 포기하거나 새로운 기전의 약물들이 나오기만을 기다리고 있는 상황이다. 따라서 새로운 기전의 약물을 계속 개발하기 위해서는 질병 관련 타깃을 계속 발굴해야 한다. 약물 타깃 발굴의 중요성을 가장 드라마틱하게 보여주는 예가 바로 기적의 항암제라고 불리는 백혈병 치료제 글리벡Glivec이다.

글리벡은 현대 신약 개발의 역사에서 가장 성공적인 경우로 평가되는 약이다. 우리나라에서도 글리벡을 투여받은 만성골수성백혈병CML 환자가 단시일 내 증상이 호전되는 놀라운 효과를 보였다. 또한 글리벡은 비싼 약값으로도 유명하다. 그러나 신약 개발에 종사하는 전문가들은 글리벡이 다른 무엇보다 신약 개발의 새로운 패러다임을 제시했다는 데 큰 의의를 두고 있다. 이전의 약들과 달리 글리벡은 발병 원인에 대한 분자적 근거를

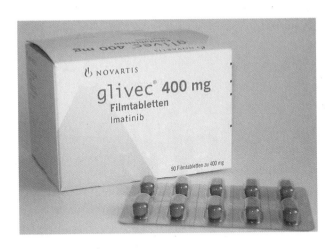

기적의 항암제로 불리는 글리벡

규명한 후 그 표적 단백질, 즉 타깃을 선택적으로 억제
하는 물질을 발굴하는 방식으로 개발된 신약이다.

　그 과정을 좀 더 자세히 살펴보자. 1960년 11월 펜
실베이니아 대학의 피터 노웰Peter Nowell과 데이비드 헌
거포드David Hungerford는 만성골수성백혈병 환자 혈액세
포의 90퍼센트 이상에서 필라델피아 염색체의 이상을
발견해《사이언스》에 발표했다. 이러한 염색체 이상으로
22번 염색체의 BCR 유전자 일부가 9번 염색체의 ABL
타이로신 인산화효소라는 효소를 발현하는 유전자 일부

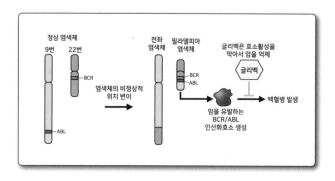

[그림 11] 백혈병 유발에 관여하는 염색체의 변이와 글리벡의 작용

염색체 22번에 존재하는 BCR 유전자가 염색체 9번에 존재하는 ABL 타이로신 인산화
효소(ABL tyrosine kinase) 유전자에 옮겨 붙어 변형된 BCR/ABL 효소가 만들어진다.
이 변형된 효소는 늘 활성화되어 있어 세포가 계속적으로 증식하게 된다.

에 붙어 BCR/ABL이라는 변형된 타이로신 인산화효소
가 생기며 이것이 비정상적으로 활성화되어 세포의 이
상 증식을 야기한다는 것을 밝혀냈다(그림 11).

　이러한 만성골수성백혈병의 발병 원인이 밝혀졌음
에도 불구하고 대다수 학자들은 이 효소를 제어하려고
하기보다는 세포막 외부에 존재하는 신호전달 물질들
의 수용체에 관심을 더 가졌다. 왜냐하면 세포 내에는
BCR/ABL 인산화효소와 유사한 효소들이 매우 많으며
거의 같은 기질 부위를 가지고 있어서 표적으로 하는 효

소만 선택적으로 저해할 수 있는 약물을 만든다는 것이 기술적으로 거의 불가능하다고 생각했기 때문이었다.

노바티스Novartis 사는 스위스의 시바가이기Ciba-Geigy 사와 산도즈Sandoz 사가 1996년 합병한 회사다. 합병 전 시바가이기사에 근무하던 알렉스 매터Alex Matter 는 기존 약리학자들의 무관심과 열악한 지원에도 불구하고 이 타깃을 포기하지 않고 지속적으로 연구했다. 닉 라이던 Nick Lydon 과 연구를 계속하던 매터는 신약 개발을 위해 인산화효소의 기능을 연구할 사람을 찾던 중 미국 보스턴에 있는 다나파버 암연구소에 있는 타이로신 인산화 효소 전문가인 브라이언 드러커Brian Druker 를 만나게 된다. 그때까지 수많은 암이 연구되어 왔으나, 질병의 원인으로 확실하게 유전자가 밝혀진 유일한 암은 만성골수성백혈병뿐이다. 타이로신 인산화효소를 타깃으로 하는 백혈병 치료 연구를 제안받은 시바가이기사의 과학자들은 만성골수성백혈병이 희귀병에 속해 상업적 가치가 적다고 생각해 별다른 관심을 보이지 않았다.

이러한 난항에도 불구하고 매터는 시바가이기사의 과학자들을 설득해 화학자 위르그 치머만Jurg Zimmermann

과 생물학자 엘리자베스 부흐둥어 Elisabeth Buchdunger 를 연구에 합류시켜 백혈병 치료를 위한 인산화효소 억제제를 연구하게 되었다(그림 11). 1980년대에 시작한 이들의 연구는 1993년 STI571라고 명명한 물질이 신약후보물질로 선정될 때까지 13년간 외롭고도 힘든 여정을 걸었다. 1996년 시바가이기사와 산도즈사의 합병으로 노바티스사가 된 후에도 이 연구는 지속되었고, 1999년 4월 얻은 임상 결과는 경이로웠다.

STI571 300밀리그램으로 치료한 서른한 명 모두 백혈구 감소를 보였고, 환자의 3분의 1에서 만성골수성 백혈병의 원인인 필라델피아 염색체가 없어지는 결과를 얻었다. STI571은 2001년 5월 11일 FDA로부터 정식으로 신약 승인을 받아 글리벡으로 명명되었다. 1998년 6월 이래로 불과 3년이라는 짧은 기간 만에 승인을 받아내는 기록을 세운 것이다.

글리벡은 초기 상업적 가치에 대한 회의를 불식시켰을 뿐만 아니라 2005년에만 2조 이상의 매출을 올린 블록버스터로 거듭나게 됐다. 글리벡이 나오기 전까지 발병기전을 토대로 한 표적 중심의 신약 개발은 이론적으로만 받아들여지고 있었다. 이후 글리벡은 '스마트 폭탄', '스마트 미사일', '마법의 탄환' 등 화려한 별명을 여럿 얻으며 신약 개발에 타깃 단백질의 발굴이 얼마나 중요한지를 보여주었다. 이를 기점으로 하여 표적 중심의 발굴법은 신약 개발의 새로운 주류를 이루게 되었다.

새로운 약물 타깃의 발굴

인체의 시스템이 수많은 단백질 네트워크를 통해 이루어지고 있음을 생각할 때 글리벡과 같은 한 가지 마법 탄환이 암과 같이 복잡한 질병 치료에 효과가 있다는 것이 얼핏 이해가 되지 않는다. 사실 글리벡이 주로 적용되는 만성골수성백혈병은 90퍼센트 이상이 한 가지 유전적 이상에 의해 일어나는 특이한 경우로 대다수의 다른 암과는 달리 발병기전이 명확하고 단순하기 때문에 좋은 효과를 볼 수 있었다.

그러나 대부분의 암은 특정 장기에서 발현됐다 하더라도 매우 복잡한 경로를 통해 발생한다. 따라서 한두 가지 단백질을 타깃으로 약물을 개발한다 해도 그 약물로 암을 모두 치료하리라 기대할 수는 없다. 이 같은 상황을 잘 아는 임상 현장에서는 한두 개의 유전자로 인해 발생한 단백질을 약물로 교정하여 암을 고칠 수 있다는 생각 자체에 의심스러운 시선을 보내는 경우도 많다. 현실을 제대로 이해하면 근거 없다고 말할 수 없는 의심인 셈이다.

이 문제를 인체의 네트워크라는 관점에서 다시 한 번 살펴보자. 가령 우리 몸에서 세포 조절에 중요한 역할을 하는 유전자 하나가 잘못되었다고 하자. 우리 몸의 방어 네트워크는 이 정도의 유전자 이상은 버틸 수 있는 대안을 가지고 있어서 한두 개의 유전적 이상이 당장 암으로 발전하지는 않는다. 그러나 이러한 초기 돌연변이가 새로운 유전자 돌연변이를 추가로 유발하는 경우 드디어 우리 몸의 방어 네트워크는 무너지게 되고 마침내 암으로 진행하게 되는 것이다.

결국 최종적으로 암 환자가 된 사람의 경우 여러 개의 중요한 유전자들에서 이상을 발견하게 되는 것이 일반적 상황이며, 이때 어느 것 하나를 교정한다고 해도 과연 암이 치료될 수 있는지에 대해서는 의구심을 가질 수 있다. 이러한 상황이 사실이라면 이렇게 반문할 수 있다. 그렇다면 표적 중심의 치료는 무의미한 것이 아닌가? 설사 대부분의 암 환자들에게서 여러 가지의 유전자 이상이 발생했다 하더라도 여전히 하나하나의 유전자 이상은 중요하게 고려되어야 하는 타깃이다.

유전자 이상을 하나하나 개별적으로 치료한다 해도 암이 치료되지 않을 수는 있지만, 환자 개인의 유전적 이상을 모두 파악해 발생한 문제들을 복합적으로 처치한다면 아무리 복잡한 요인으로 발생한 암이라 해도 치료 효과를 기대할 수 있다. 즉, 시스템이 복잡하고 요인이 다수라고 해서 개별적 인자들의 중요성이 약화되는 것은 결코 아니다. 오히려 시스템이 복잡할수록 각 구성 인자들의 특성과 질병과의 연관성을 면밀하게 분석해 개별적 타깃에 대해 작용하는 다양한 약물을 개발할 필요가 있는 것이다.

예를 들어 인체가 지닌 모든 단백질에 효과적으로 작용하는 약물을 우리가 가지고 있다면 이는 대부분 질병에 대처할 수 있는 무기를 구비한 셈이 되므로 지금보다 훨씬 효과적으로 대처할 수 있지 않겠는가? 따라서 특정 질병이 여러 가지 문제로 인한 복합적인 결과라고 해서 개별 원인들의 문제를 가볍게 평가할 일은 아니다.

달리 말해 질병에 관여하는 인자가 많으면 많을수록 개별적 요인들에 대한 분석이 명확해야 하는 것이다. 따라서 글리벡과 같이 한 개의 타깃으로 치료 효과를 나타내든, 아니면 여러 개의 타깃을 통해 복합적으로 약물의 치료 효과를 기대하든, 중요한 것은 약물 타깃의 발굴이다. 즉 그것은 미래 약물 개발의 성패를 결정하는 가장 중요한 과제다. 그렇다면 약물의 타깃을 어떻게 발굴할 수 있을까?

약물의 타깃이란 약물의 입장에서 보면 공략의 대상이지만 정상적 경우에는 우리 몸에서 중요한 기능을 수행하는 단백질들이다. 예를 들어 암을 유발하는 유전자를 발암유전자라고 한다. 그런데 우리 몸에 암을 유발하는 유전자가 내포되어 있다는 것이 말이 되는가?

이들 유전자들은 사실 정상적으로는 세포의 성장, 사멸, 분화, 이동 등을 조절하는 데 필수적인 기능을 수행한다. 예를 들어 성장호르몬을 발현하는 유전자는 정상적으로는 신체의 성장에 매우 중요한 역할을 하지만 신체가 다 성장한 후에는 그 기능이 억제되어야 한다. 그런데 이 유전자가 조절 기능을 잃고 늘 과량으로 발현된다고 가정해보자. 세포는 지속적인 성장을 하게 될 것이고 종국에는 암을 유발하게 되는 것이다.

역으로 세포의 DNA나 중요한 기능이 외부의 스트레스에 의해 손상된 경우 그대로 방치하기보다는 회복시켜 다시 정상적인 세포로 만들어주거나 손상이 커 회복이 불가능하다면 적극적으로 제거해야 한다. 그러나 이런 기능이 잘못되면 죽어야 할 세포가 죽지 않고 생존하게 됨으로써 암으로 진행할 수도 있다.

약물 타깃을 찾는 여러 가지 방법

이같이 정상적일 경우 약물의 타깃은 우리 몸에 중요한 기능을 하는 경우가 대다수다. 따라서 약물의 타깃을 찾는 일은 유전자의 기능을 분석하는 일의 일환이며, 단지 그 기능이 질환과 어떤 관계가 있는지를 추가로 입증하는 일이 필요할 뿐이다. 하지만 이것은 결코 쉬운 일이 아니다. 약물의 타깃 발굴은 다양한 경로를 통해 이루어지므로 고대 그리스의 수학자 유클리드가 기하학에 대해 했던 말처럼 특정한 왕도라고 부를 방법이 별로 없다. 예를 들어 특정한 질환에 대한 유전적 분석을 하는 도중에 질병과 관련 있는 유전자를 발견할 수도 있으며, 특정 질환에 사용되어 오던 약물의 기전을 연구하다가 그 약물이 작용하는 세포 내의 타깃을 찾게 되는 경우도 있을 수 있다.

역으로 특정 유전자의 기능을 규명하고 보니 어떤 질환에 관여할 가능성이 보여 추가로 연구하거나 혹은 단백질 서열이나 구조를 분석하면서 힌트를 얻을 수도 있다. 미래의 약물이 병의 원인과 개인의 유전적 배경에 따른 맞춤 약물로 발전하면서 약물 타깃의 발굴은 신약 개발뿐만 아니라 병의 진단과 예후, 예측 등 다양한 방면으로 활용될 수 있다. 그 때문에 선진국 간의 신약 개발 경쟁은 약물 타깃을 확보하는 것으로부터 시작된다고 해도 과언이 아니다.

11장
네트워크의 연결고리를 찾아라

퇴출 판정 폐암 치료제 이레사,
폐암 환자를 살리다

노바티스의 마법의 탄환, 글리벡의 성공은 많은 제약사
로 하여금 항암제의 개발 방향을 타깃 기반 치료제 쪽으
로 선회하게 했다. 이에 세계적인 제약회사 아스트라제
네카Astra Zeneca는 표피성장인자수용체EGFR를 타깃으로
하는 신기전 폐암 치료제 이레사Iressa를 개발했다.

폐암은 크게 소세포성 폐암(전체 폐암 환자의 20퍼센

트 정도를 차지하며 병의 진행 속도가 빠른 특징이 있으며 주로 항암 요법 치료를 행한다)과 비소세포성 폐암(전체 폐암 환자의 약 80퍼센트를 차지하며 주로 수술을 위주로 치료하며 항암 요법을 보조로 시행한다)으로 나뉘는데 이레사는 비소세포성 폐암 환자 중 수술이 불가능하거나 암이 재발한 경우, 그중에서도 주로 말기암 환자에게 처방되는 치료제다.

이레사는 경구용으로 타깃인 EGFR의 활성을 특이적으로 억제함으로써 암세포의 성장을 멈추게 한다. 따라서 기존의 화학 요법에서 나타나는 구토 및 탈모 등의 심각한 부작용을 보이지 않는다. 이러한 장점 덕에 미국 FDA는 2003년 6월 이레사의 조건부 신속 시판 승인을 허용했지만 완전한 허가를 얻기 위해서는 추후 대규모 임상 시험을 통해 환자 생존율 증가 효과를 입증해야만 했다.

그러나 실망스럽게도 이레사는 대부분의 비소세포성 환자에게 효과가 없었으며 단지 환자의 약 10퍼센트에게서만 빠르고 뛰어난 개선 효과가 있는 것으로 나타났다. 이러한 결과에 대한 원인을 찾기 위해 이레사에

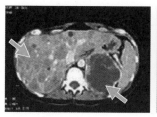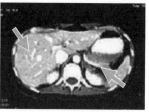

이레사 투여 전(좌)과 이레사 투여 5개월 후(우)

항암 화학치료에서 효과가 없었던 40대 비소세포성 여성 폐암 환자의 암세포(왼쪽 사진 이레 화살표)가 이레사를 복용하고 5개월 뒤 크게 줄었다.

잘 반응하는 비소세포성 폐암 환자 그리고 잘 반응하지 않는 비소세포성 폐암 환자에게서 EGFR 발현 유전자에 돌연변이가 있는지 확인했다.

그 결과 이레사에 반응하는 9명의 환자 중 8명에게서 EGFR 유전자의 돌연변이를 발견했으며 이레사에 반응하지 않았던 25명의 환자 중 2명에게서 위와 유사한 돌연변이가 발견되었다.

요약하자면 이레사가 작용하기 위해서는 EGFR의 돌연변이가 중요한 원인이 되는 것은 틀림이 없지만 그 반면에 EGFR 유전자 돌연변이가 없는데도 이레사에 반응하는 환자가 있고, 거꾸로 EGFR 유전자 유전자 돌연변이가 있는데도 반응하지 않는 환자가 있다는 것은 EGFR 유전자 돌연변이 외에도 약물 반응을 결정하는 다른 요인이 있을 수 있다는 것을 시사한다. 결국 2004년 12월에 1700명의 환자를 대상으로 한 대규모 임상 시험에서 이레사는 환자들의 생존율 증가를 입증하는 데 실패하고 말았다.

이러한 미스터리를 해결하기 위해 아스트라제네카는 MIT의 덕 라우펜버거Doug Lauffenburger 로부터 시스템 생물학* 연구를 한 바트 헨드릭Bart Hendriks 박사를 고용해 그 원인을 분석하게 했다. 헨드릭은 생리 조절에 대한 모델링·시뮬레이션 기법을 통해 EGFR의 작용 동력학을 연구했다. 그는 EGFR의 작용과 함께 세포를 조절하는 다른 과정들도 고려해 EGFR이 암에 작용하는 과정을 좀 더 복합적으로 분석했다.

이러한 시스템적 세포 반응에 대한 분석 결과 이레사에 대한 반응성은 EGFR 외에도 AKT라고 하는 또 다른 분자를 통한 조절 기전이 매우 중요하게 작용한다

---

* 시스템 관점에서 구성 인자들 간에 발생하는 복잡한 상호 작용들을 이해하고자 하는 생물학의 연구 방법.

는 사실이 확인되었다. 이는 이레사의 타깃인 EGFR만을 들여다보아서는 알 수 없는 것이었고, 그 주변의 다른 과정을 동시에 복합적으로 분석함으로써 새로운 작용점과 그 중요성을 인식하게 된 것이다. 결국 퇴출 위기에 놓여 있던 이레사는 2015년 FDA로부터 전이성 폐암 1차 선택 약으로 승인됐다. 단 EGFR 유전자 활성변이가 확인된 환자여야 한다는 전제가 붙었다. 이레사는 현재 36개국에서 처방되어 수많은 폐암 환자 치료에 사용되고 있다.

이레사의 사례를 통해 여러 대형 제약회사들은 점차적으로 다학제적 기법을 이용한 시스템 차원의 생명현상 분석에 관심을 보이고 있다. 또한 미국을 중심으로 시스템생물학의 기조를 통해 연구를 수행하는 여러 생명공학 회사들이 생겨나고 있는데 이들은 크게 두 가지로 분류될 수 있다.

한 부류는 생물 정보 분석이나 전임상 시험 분석 툴을 개발해 판매하는 바이오비스타Biovista, 인실리코 메디신InSilico Medicine과 같은 회사들이고 다른 부류는 자체적으로 약의 성능을 평가하거나 또는 타깃을 발굴할 수 있는 시스템을 갖추고 신약 후보 물질을 발굴하는 슈뢰딩거 Schrödinger, 엑사이언티아 Exscientia 와 같은 회사들이다. 두 번째 부류의 회사는 임상 시험을 위해 대형 제약사들과 전략적 제휴를 맺고, 공동 연구를 수행하는 것이 일반적이다.

내가 연구하는 유전자 변형 실험 쥐 중에는 정상에 비해 그 크기가 많이 작아진 개체가 있다. 나타난 현상이 워낙 확실하고 예외가 없기 때문에 연구에 큰 어려움이 없을 것으로 기대했으나 그 증상을 일으키는 직접적 원인을 규명하는 일은 간단치 않았다. 우리 연구팀이 특정 유전자를 고장 냄으로써 크기가 작아졌기 때문에 문제의 원인은 확실해 보인다. 하지만 현상이 명확함에도 불구하고 고장 난 유전자가 어떤 경로를 통해 실험 쥐의 성장에 장애를 유발하게 되었는지 안다는 것은 여전히 만만치 않은 문제인 것이다.

특정한 결과가 나타나기 위해서는 원인과 결과 사이에 다양한 연결고리가 존재하기 때문에 이를 규명하는 것은 결코 쉬운 일이 아니다. 따라서 질병의 원인을 규명하고 원인에 따른 적절한 치료법을 모색하기 위해서는 질병의 원인과 결과 사이에 존재하는 다양한 생리적 연결고리를 규명하고 전체적 관점을 확보하는 것이 대단히 중요하다. 마치 전투에 승리하기 위해서는 적군과 아군의 병력, 지형지물, 주변 도로 상황, 기후 등 전투와 직접적으로 상관이 없을 것 같더라도 관련된 모든 정보를 통합적으로 가진 쪽이 승리를 차지할 확률이 높은 것과 마찬가지다.

오믹스 시대의 출현

20세기 생명과학은 DNA의 분자 구조를 규명한 왓슨과 크릭 이후 생명 현상을 물리화학과 같은 환원주의적 방법으로 접근하여 발전해왔다. 그 결과 이전에는 접근할 수 없었던 수많은 생명 현상을 명확히 설명할 수 있게 되었다. 그러나 부분적인 현상이 정밀해질수록 그것을 총체적으로 합쳐서 이해하는 일은 점점 더 어려워지게 되었고 생명과학자들과 의학자들은 자기 전문 영역의 정보가 많아질수록 타 분야와 교류하지 못한 채 고립되는 경향이 커져갔다. 세포를 연구하면 개체를 알지 못하고 단백질을 연구하면 세포에 대해서는 잘 알지 못한다. 안과 의사는 환자의 눈만 보게 되고 산부인과 의사는 뇌 영역의 문제가 점점 생소해진다. 자신의 연구 대상을 깊이 관찰하면 할수록 점점 더 생명체 전체를 모르게 되는 아이러니가 발생하는 것이다.

생명과 질병 연구에 대한 이러한 분할 경향은 21세기에 와서 인간 유전자 지도를 완성함으로써 큰 전환점을 맞이한다. 그동안 생명 과학에서 이루어진 각종 기술의 혁명으로 이제는 유전자나 단백질의 움직임을 전체적 관점에서 볼 수 있게 된 것이다. 이렇게 유전자, 단백질 등 인체를 구성하는 각종 주요 물질을 전체적 시각으로 보는 연구 패턴이 새로운 추세로 자리잡고 있다. 이를 소위 '오믹스Omics'* 시대라고 하는데 드디어 생명 현상을 분할하여 연구하던 환원적 방법론에서 시스템적

---

* '-ome'이라는 접미사로 파생된 Omics는 어떤 대상의 전체를 의미하는 것으로 생명과학에서는 게노믹스(유전체학), 프로테오믹스(단백체학), 메타볼로믹스(대사체학) 등 각 구성 성분의 연구를 전체적인 차원에서 수행하는 연구 방법이며 인간 유전자 지도가 완성된 이후 21세기 생명과학에서 널리 쓰이고 있다.

수준에서 바라보는 전일적 관점의 연구로 전환되고 있는 것이다.

사실 이러한 움직임은 물리학 연구 분야에서 먼저 나타났다. 환원주의적 방법론으로는 인과관계를 잘 설명할 수 없는 복잡한 물리적 상황들(물질의 상전이라든지, 연기의 움직임, 토네이도의 발생과 움직임 등)이 점점 많아지자 90년대 초에는 프랙탈, 카오스, 비선형동력학 등의 연구가 활성화되어 부분적으로는 만족스러운 설명들이 이루어져왔다. 그러나 궁극적으로 전체를 볼 수 있는 시각과 논리를 개발할 필요를 느낀 많은 물리학자는 복잡계 네트워크 연구를 통해 물리에서 더 나아가 사회, 기후, 경제, 생명과학 등의 제반 현상들을 이해하고자 노력하고 있다.

그동안 숲속의 나무를 하나하나 자세히 연구하느라 이 나무들이 합쳐져 만들어진 숲의 모양과 건강성에 대해서 간과했던 과학자들은 이제 숲 전체를 본 뒤 그 속에 있는 나무 하나하나와의 연관성을 이해하려고 한다. 그러나 숲 전체를 보는 경우에는 아무래도 나무 하나하나에 대한 특성을 이전처럼 자세히 들여다볼 수가 없고

대동여지도식	위성사진식

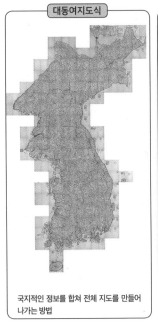

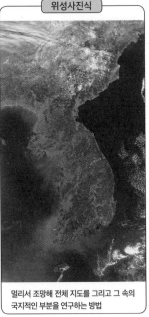

국지적인 정보를 합쳐 전체 지도를 만들어 나가는 방법	멀리서 조망해 전체 지도를 그리고 그 속의 국지적인 부분을 연구하는 방법

[그림 12] 연구의 대상을 보는 방식

연구 대상을 분석하는 방식은 각 부분을 잘게 나누어 자세히 분석한 후 다시 합쳐 전체
를 보고자 하는 방식(bottom-up)과 전체를 먼저 보고 그 속의 부분을 연구하는 방식
(top-down)으로 구분될 수 있다.

나무 하나의 연구에 너무 많은 노력을 쏟다 보면 숲 전
체를 볼 수가 없는 한계가 여전히 존재한다(그림 12).

그러나 나무 하나하나를 연구하면서 숲 전체의 모

습을 상상으로 그려나가거나 숲 전체의 그림을 먼저 그린 뒤 나무들의 연결고리들을 찾아나가는 방법도 있다. 그 방법이 어떤 식으로 이루어지든 중요한 것은 숲을 구성하는 나무이며 따라서 어떤 경로이든 각 나무의 특성을 이해하는 일은 매우 중요하다.

이러한 맥락에서 볼 때 오믹스 시대에도 생명체를 구성하는 하나하나의 유전자와 그들이 발현하는 단백질의 기능과 질병 사이의 연관성을 연구하는 일은 여전히 중요해 보인다. 어떠한 방법론을 사용하든 예외 없이 현대 생명과학에서는 이 같은 오믹스 기법의 일반화로 인해 감당할 수 없는 수준의 데이터가 축적되고 있으며 데이터의 저장, 연산, 해석, 적용 등에 있어서 이 문제가 생명과학으로부터 정보학 및 컴퓨터 영역으로 번져나가고 있다. 최근에는 인공지능 기법이 이러한 생명과학의 난제들을 푸는 데 적극적으로 도입되고 있어서 새로운 패러다임의 탄생이 기대되고 있다.

수많은 컴퓨터 제조사가 컴퓨터와 관련된 다양한 부속 제품들을 만들어 팔고 있지만 마이크로소프트사는 컴퓨터의 작동 원리 하나로 세상을 제패했다. 눈에 보이는 물건도 아니고 CD 안에 담겨 있는 작동 코드일 뿐인 윈도우 시스템을 빌 게이츠가 처음 상업화하려고 생각했을 때 많은 사람이 이 사업의 성공 가능성을 낮게 평가했다. 쉽게 복제할 수 있는 컴퓨터 코드가 어떻게 사업이 될 수가 있겠는가 하는 의구심들을 가지고 있었던 것이다. 그러나 윈도우는 결국 세상을 점령했다. 이같이 생명체를 구성하는 하드웨어들을 균형 있게 운용하는 원리를 파악함으로써 생명의 연결고리를 받아들이는 것은 인간의 생로병사를 이해하는 데 매우 중요한 관건인 것이다.

이 책의 서두에도 강조한 바 있지만 첨단 과학의 산물인 약은 인간의 생명을 결정할 뿐만 아니라 인류의 문화와 사회의 기조를 바꿀 수 있을 만큼 그 영향력이 크다. 인류의 역사에 큰 영향을 끼친 약물의 예는 얼마든지 기억할 수 있다. 예를 들어 기원전 이집트 시대부터 근대에 이르기까지 인류에게 가장 무서운 역병 중 하나였던 천연두는 1492년 콜럼버스와 1520년 마젤란에 의해 신세계로 퍼져 나갔다. 그러나 1798년 영국의 에드워드 제너 Edward Jenner 가 '종두'라는 백신을 보급하면서부터 천연두의 위세는 급격히 떨어지기 시작했으며 1977년을 마

지막으로 더 이상 환자가 보고되지 않고 있다. 이것은 인간의 연구로 질병이 완전하게 정복된 거의 유일한 예다.

'우연의 발견' 하면 늘 회자되는 항생제 페니실린은 1928년 알렉산더 플레밍Alexander Fleming이 발견하고, 1940년 영국의 병리학자 하워드 플로리Howard Florey와 생화학자 언스트 체인Ernst Chain이 페니실린을 분말로 정제하는 데 성공함으로써 항생제 시대의 막을 열었고, 제2차 세계대전 중 수많은 부상자의 생명을 구했다. 독일 바이엘사의 아스피린은 1925년 유럽을 강타했던 독감으로부터 수많은 인명을 구한 바 있으며 지금까지도 그 활용도가 지속적으로 증대하고 있는 명약이다.

혹시 마취하지 않은 채 수술받는 것을 상상해본 적 있는가? 놀랍게도 마취제는 19세기 이전까지 존재하지 않았다. 단지 수술할 때의 아픔을 줄이기 위해 환자에게 인도산 대마나 아편 같은 약을 썼고 가끔은 럼주나 브랜디 같은 술을 마시게 하는 경우도 있었다. 그러나 술을 마시고 취했다 하더라도 완전히 의식을 잃지는 않았기 때문에 수술을 하는 동안 힘센 남자들이 환자를 꼼짝 못

페니실린 노타툼 곰팡이를 최초로 발견한 알렉산더 플레밍 교수

하게 붙잡고 있는 것이 상례였다. 고통이 너무 심해 쇼
크로 죽는 환자들도 있었다.

　현대 사회의 소리 없는 저승사자로 불릴 정도로 무
서운 질병인 당뇨병의 치료제로 널리 쓰이는 인슐린의
발견은 현대 의학이 거둔 최고의 성과 중 하나로 평가된
다. 물론 약이 꼭 인간의 질병을 치료하기만을 위해 개

발되는 것은 아니다.

1951년 미국 의사 그레고리 핀쿠스Gregory Pincus가 개발한 경구용 피임약은 인구가 폭발적으로 증가하는 국가에서는 산아제한을 할 수 있도록 해준 한편, 임신을 자유자재로 조절할 수 있는 수단을 제공함으로써 성 개방의 기폭제가 되기도 했다. 최근 들어서는 삶의 질과 관련된 약물들이 속속 개발되고 있다. 발기부전 치료제 비아그라는 남자들에게 구원의 명약으로 여겨지며 비만을 걱정하는 사람들에게는 항비만제가 천상의 복음으로 들리기도 한다.

그렇다면 우리 인류를 질병으로부터 완전하게 자유롭게 할 약물의 개발은 과연 가능할까? 흔히 21세기는 바이오 시대, 생명공학의 시대라고 말하곤 한다. 그러나 도대체 무슨 이유로 지금을 바이오 시대라고 하는지, 그리고 과거와 비교해서 무엇이 얼마나 달라졌는지는 실감이 나지 않을 수도 있다. 자동차와 비행기는 전 세계를 하루 생활권으로 만들었으며 이동전화와 인터넷이 세상을 순간 생활권으로 바꾸어 놓았는데, 과연 생명공

학은 우리에게 무엇을 가져다주었으며, 무엇을 변하게
할까? 오히려 극장에 가면 생명공학의 발전으로 다가올
재앙과 우울한 미래가 강조된 영화들을 심심치 않게 볼
수 있다. 영화 〈쥐라기월드〉나 〈아일랜드〉 등을 생각해
보라. 과연 우리는 생명공학의 발전을 통해 생로병사의
비밀을 풀고 질병으로부터 자유로워질 수 있을까?

　나의 개인적 의견으로는 아무리 생명공학 기술이
발달한다 하더라도 적어도 약이 가지고 있는 여러 본질
적인 특성, 즉 약효와 동시에 수반되는 내성, 부작용, 중
독성 등으로부터 자유로운 기적의 약물은 개발되기 어
렵지 않을까 생각된다. 왜냐하면 그것은 약을 받아들이
는 생명체의 기본적인 특성에 의한 것들이기 때문이다.

　그러나 사실 이 분야에 종사하는 연구자의 한 사람
으로서 우리가 생명에 대해 그리고 인체에 대해 아직 모
르는 것이 많고 완전한 약을 개발하는 것이 거의 불가능
하다는 사실에 감사한 마음이 들 때도 있다. 우리가 생
명의 모든 비밀을 다 알아서 마음대로 조정하고 창조한
다면 그것이 과연 바람직한 상황일까? 우리 몸이 이렇게

복잡한 네트워크로 되어 있는 이유가 우리 몸을 너무 쉽게 이해해 그 교만함으로 인해 결국 스스로를 파괴하는 오류로부터 인류를 보호하기 위한 것은 아닐까?

21세기 바이오 시대가 만들어낼 산물의 혜택들을 일반인들이 현실로 체감하기까지는 아직도 갈 길이 멀다. 우리 몸을 운용하는 이 복잡한 네트워크 회로를 손에 넣기까지는 아직도 겪어야 할 시행착오가 많으며, 앞으로도 신약 개발 과정에서 수많은 실패와 성공을 반복해야 할 것이다. 그러나 확실한 것은 지난 수십 년 동안 생명과학과 기술의 발전은 그 어느 시대에 비해서도 혁명적인 발전을 이루었다는 사실이다.

현재 우리가 현실에서 누리고 있는 편리한 물건들 예컨대 자동차, 비행기, 우주선, 이동통신, 인터넷, 텔레비전 등 수많은 과학 기술 제품이 우리 생활의 일부가 되기까지는 수백 년 간의 기초 이론에 대한 지식과 관련 기술의 성숙이 밑받침되었기에 가능했다. 이에 비하면 생명과학은 이제야 성숙기 정도에 진입하고 있다. 그러니 일반인들이 바이오 혁명을 피부로 체감하지 못하는 것은 너무나 당연한 일 아니겠는가? 그럼에도 불구하고 지난 수십 년간 생명공학은 유전자 조작 및 편집 기술, 줄기세포 등을 개발했고 인체의 설계도인 유전자 지도를 완성했다. 그 후로도 여전히 생명의 네트워크를 푸는 문제가 남아 있지만 그 뒤에는 틀림없이 우리 생명에 밝은 희망을 가져다줄 진주가 숨어 있을 것이다.

생명공학의 미래와 신약 개발

조금 다른 관점에서 문제를 보자. 생명공학의 연구 결과가 가장 크게 인류에 기여할 부분은 바로 신약의 개발이다. 신약 개발의 어려움에도 불구하고 그 중요성을 인정하지 않는 나라는 없다. 왜 그럴까? 그것은 약의 특수성 때문이다. 즉 핸드폰이나 컴퓨터 등이 과학 기술의 산물임과 동시에 생활 편리 제품들이라면 약은 인류의 건강과 생명을 지켜주는 생존 및 복지를 위한 산업 제품이다. 편리 제품은 없으면 조금 불편하지만 살 수는 있다.

그러나 생존 제품이 없으면 인류의 존재 자체가 흔들리는 위험에 처하게 된다.

지난 3년간 전 인류를 패닉 상태로 빠뜨렸고 지금도 지속되고 있는 코로나19 바이러스 팬데믹은 신약 개발 능력이 인류의 생존에 얼마나 중요한지를 여실히 보여주고 있다. 따라서 신약 개발 연구가 아무리 실패를 거듭하고 가는 길이 어렵다 하더라도 멈춰서는 안 된다. 신약 개발을 포기하는 나라는 국민의 건강과 생명을 외국의 제약 기업에 볼모로 잡히는 것과 같기 때문이다. 이번 코로나19 사태로 전 세계가 백신과 치료제를 얻기 위해 얼마나 전전긍긍했는지 아직도 기억이 생생하다.

또한 신약 개발은 성공하기 어려운 만큼 다른 산업 제품과는 비교할 수 없는 높은 부가가치와 장기적인 독점력을 제공한다. 코로나19 팬데믹에 신속하게 대응해 백신과 치료제를 개발한 화이자는 2021년 코로나19 백신과 치료제로만 44조 원의 매출을 올렸다. 전년 대비 두 배 이상의 매출을 기록하며 글로벌 제약사 매출 순위에서도 2020년 8위에서 2021년 2위로 급상승했다.

신약 시장은 바이오 관련 산업 전체의 60~80퍼센트
에 이르는 가장 큰 부분을 차지하고 있다. 전 세계 신약
개발 생태계는 바이오 기술을 중심으로 크게 양분되는
양상을 보이고 있는데 거대 다국적 제약사들은 기존의
약물 개발법을 고수하면서 동시에 스타트업이나 바이오
테크들로부터 신기술을 받아들이거나 마케팅에 주력하
는 전략을 구사하고 있다.

반면 스타트업이나 소규모 제약사들은 인간의 유전
자 정보와 첨단 생물공학적 기법을 개발하거나 이를 적
극 활용해 새로운 기전이나 물질 기반 혁신 신약들을 개
발하며 기존 제약사들과 차별화를 두려 노력한다. 특히
기존 제약사들이 잘 사용하지 않았던 유전자, 단백질,
세포 등 생물학적 기원이 되는 물질들을 적극적으로 활
용하고 있는데, 최근 모더나와 바이오엔텍사가 개발한
mRNA는 이러한 노력의 성공적인 사례로 볼 수 있다.

흔히 우리는 약이라고 하면 캡슐이나 정제 형태 내
지 마시는 약 등을 떠올린다. 경구 투여용 약은 가장 편
리한 형태다. 경구 투여가 가능한 것은 약의 성분이 주

로 화합물이거나 천연물로 되어 있기 때문이다. 현재까지 우리가 사용하고 있는 약물 소재 중 대부분이 이러한 물질들로 되어 있다. 그러나 생명공학 기술이 발달하면서 약물의 소재는 유전자, 단백질을 넘어서 최근에는 세포로까지 확대되고 있다(그림 13).

이러한 생물공학적 기반의 의약품들은 화합물 소재의 약들에 비해 기전 중심적인 특성을 가지므로, 맞춤형 치료에 적합하며 화합물 치료제들에 비해 독성과 부작용이 적다는 장점이 있다. 그러나 화합물 소재의 약들에 비해 가격이 비싸고 경구로 투여하기에는 아직까지 해결해야 할 문제들이 많으며 장기간 보관이나 유통에도 불편함이 있다. 그러나 우리가 다양한 질병의 공격으로부터 대처할 수 있으려면 그에 따른 여러 방패를 가지고 있어야 하며, 이와 같은 생물학적 제제의 개발은 화학적 제제에 주로 의존해왔던 의약품 소재의 영역을 크게 확장하고 있다.

실제로 지난 10년간 생물학적 제제는 화학적 제제에 비해 훨씬 높은 성장 속도를 보이고 있다. 화합물에 의존하던 다국적 제약사들도 이제는 생물학적 제제를 연구 개발하는 바이오테크들과 적극적으로 손을 잡고 있으며 이 두 가지 연구 체제는 상호 경쟁과 협력을 통해 계속해서 인간 질병의 새로운 대안을 모색할 것으로 예상된다.

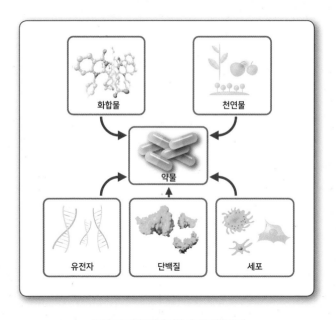

[그림 13] 생명공학에 의한 새로운 약물 소재

생명공학의 발달로 의약품의 소재는 화합물부터 유전자, 단백질, 세포 등으로 확장되어 생물학적 약물(Biologics) 군을 이루고 있으며 여러 임상 적용에 활용되고 있다.

미래의 의학은 4P의 방향으로 진행될 것이라고 예상한다. 4P란 개인 맞춤형Personalized, 예방형Preventive, 예측형Predictive, 그리고 다양한 IT 기술을 활용한 환자 참여형Participatory 의학을 의미한다. 이에 따라 약의 개발도 4P 경향에 맞는 방향으로 진행되리라 추측된다. 그 방향이 어느 쪽이든지 약이라는 것이 결코 자신의 생명과 건강을 잘 보존하기 위해 아무것도 하지 않는 사람들을 질병으로부터 자유롭게 해주는 구세주가 될 수는 없을 것이다.

약은 육체가 스스로 회복할 수 있는 기력을 상실한 경우 생명을 구할 수 있는 수단이 되지만 궁극적으로 우리를 질병으로부터 완전히 자유롭게 하지는 못할 것이다. 우리는 생명과 건강을 유지하기 위해 자신 내부에 있는 방어 시스템을 최대한 활용해야 하며 이를 위해서는 개인의 노력이 반드시 필요하다. 절제된 생활 습관과 적절한 운동, 과식이나 과도한 피로를 피하기 등 상식 수준에서 일반인들이 알고 있는 사항들을 잘 지키는 것만으로도 약의 필요는 크게 줄어들 것이다.

운동도 하지 않고 먹고 싶은 만큼 과식하면서 비만과 당뇨가 두려워 약에 의존하는 태도는 결코 바람직하지 않다. 아무 노력도 하지 않고 오로지 약물에 의존해서 건강을 지키는 것은 불가능하다. 자신의 게으름을 대체해줄 수단으로 약을 사용한다면 결국 그 약은 자신에게 독으로 돌아올 것이다. 이렇게 생명과 약, 그리고 세상은 동일한 원리로 서로 연결되어 있다.

생명과 약의 연결고리

약으로 이해하는 인체의 원리와 바이오 시대

개정증보판 1쇄 발행 2023년 2월 28일
개정증보판 7쇄 발행 2024년 10월 14일

지은이 김성훈

발행인 이봉주 **단행본사업본부장** 신동해 **편집장** 김경림
책임편집 박주연 **디자인** 이창욱
마케팅 최혜진 이은미 **홍보** 반여진 허지호 송임선 **제작** 정석훈

브랜드 웅진지식하우스
주소 경기도 파주시 회동길 20
문의전화 031-956-7213(편집) 02-3670-1123(마케팅)
홈페이지 www.wjbooks.co.kr
인스타그램 www.instagram.com/woongjin_readers
페이스북 https://www.facebook.com/woongjinreaders
블로그 blog.naver.com/wj_booking

발행처 ㈜웅진씽크빅
출판신고 1980년 3월 29일 제406-2007-000046호

ⓒ 김성훈, 2023
ISBN 978-89-01-26930-6 (03500)